I0067393

LE
JARDINIER

DES APPARTEMENTS

DES FENÊTRES, DES BALCONS ET DES PETITS JARDINS

SUIVI D'UN APERÇU

SUR LA PISCICULTURE ET LES AQUARIUMS

PAR

MAURICE CRISTAL

PARIS

GARNIER FRÈRES, LIBRAIRES-ÉDITEURS

6, RUE DES SAINTS-PÈRES, ET PALAIS-ROYAL, 215

LE JARDINIER

DES APPARTEMENTS

DES FENÊTRES, DES BALCONS ET DES PETITS JARDINS

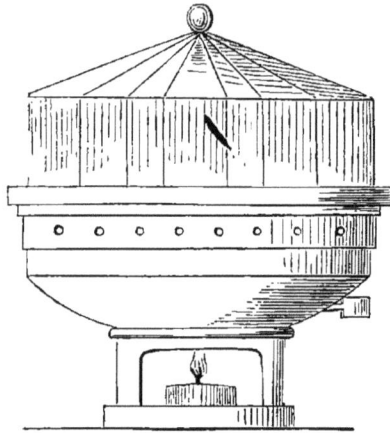

SERRE PORTATIVE CHAUFFÉE

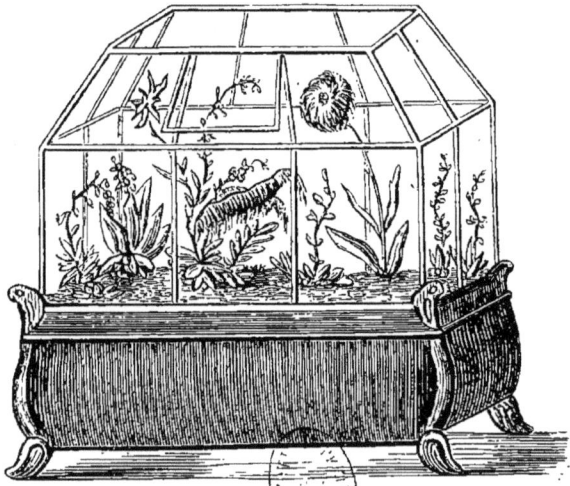

SERRE PORTATIVE NON CHAUFFÉE

LE
JARDINIER

DES APPARTEMENTS

DES FENÊTRES, DES BALCONS ET DES PETITS JARDINS

SUIVI D'UN APERÇU

SUR LA PISCICULTURE ET LES AQUARIUMS

PAR

MAURICE CRISTAL

PARIS
GARNIER FRÈRES, LIBRAIRES-ÉDITEURS
6, RUE DES SAINTS-PÈRES ET PALAIS-ROYAL 215

1865

INTRODUCTION

I

Le goût des fleurs se vulgarise chaque jour davantage. Ce n'est point un engouement, une mode; c'est un sentiment inspiré par la nature et infiltré dans les mœurs; c'est le besoin de plaisirs délicats, de jouissances pures et simples que chacun veut satisfaire, ce qui, maintenant, s'obtient sans peine, grâce à la modicité des prix que nous procure le perfectionnement incroyable apporté au jardinage de commerce.

En France, la floriculture qui est la plus attrayante des subdivisions de l'horticulture, obtient une préférence signalée.

Malheureusement, pour l'agrément des villes et pour la santé des habitants, on commence à chasser des cités les jardins et les arbres. Les propriétaires calculent qu'une maison, avec de hauts étages, encombrant de pierres les moindres espaces, rapporte plus que les jardins, et, si l'on n'y prend garde, avant peu, il n'y aura plus un seul jardin dans les villes grandes ou petites de France.

II

A Paris, les jardins diminuent chaque jour. Le moellon et la pierre de taille les chassent sans pitié. Bientôt nous n'aurons plus que les squares et les jardins publics. Bien des parcs, même aux portes de la capitale, ont été convertis en champs de pommes de terre ou affectés à la culture de la betterave. Le jardin de Tivoli, qui occupait l'emplacement de l'embarcadère du chemin de l'Ouest, et qui, partant de la rue Saint-Lazare, s'étendait jusqu'au parc de Monceaux, Tivoli a disparu. Les beaux arbres, les jardins des Capucines et de l'hôtel d'Albe viennent de tomber pour faire place à d'immenses maisons; les jardins du boulevard du Temple ne sont plus qu'un mythe; Monceaux, un des parcs les mieux dessinés de France, est envahi par la construction et, réduit aux proportions mesquines d'un square de carrefour, passe à l'état de souvenir.

Il y a quelques années seulement, dans les rues les plus sombres et les plus étroites, on apercevait, soit à Paris, soit en province, à travers la grille, des marronniers plantés en quinconce, de longues allées ombragées et mystérieuses, de vastes pelouses qui laissaient l'air et la lumière se jouer aux façades d'un hôtel antique, ou d'un couvent déserté. Dans les maisons modestes, il y avait toujours le petit jardin réservé. Au fond s'abritait la maisonnette, tapissée de lierre et de vigne; dans les volières, les oiseaux chantaient; sur les gazons se roulaient en riant des groupes enfantins, et le jet d'eau en miniature grésillait doucement près des rosiers couverts de fleurs, où furetait le chat familier.

Tout cela est disparu. On trouve encore quelques grands arbres survivants. Dans la cour de la maison des bureaux du journal *le Siècle*, on en a conservé un, il monte à la hauteur du quatrième étage. Ce sont là les derniers débris de ces allées de grands arbres, ornements séculaires des jardins qui donnaient une

physionomie si gaie et si calme à la fois à la plupart
des quartiers de Paris, aujourd'hui si mornes et si
désolés avec leur façade de pierre.

III

Cependant, le goût des fleurs augmente, mais aujourd'hui, quand on veut un jardin, on l'achète hors
de la ville. Dans la ville on se rejette sur la culture
familière des fleurs à la fenêtre et dans l'appartement.

Pour obtenir du succès, la culture de ces jardins
aériens réclame des précautions, des soins, toute une
petite science qui ne s'acquiert qu'à la longue. Pour
éviter l'ennui de toutes ces expérimentations, nous
allons étudier les conditions les plus favorables à la
végétation de ces jardins familiers. Nous dirons les
moyens les plus simples, les plus économiques et les
plus sûrs d'obtenir de la verdure, des fleurs et même
des fruits dans ces circonstances exceptionnelles. Nous
indiquerons les plantes qui subissent le mieux ce genre
de culture; nous dirons aussi la manière de les placer
pour qu'on en obtienne le plus bel effet.

Tel est le but de notre livre. On rapporte qu'un droguiste, étant convaincu qu'avec de l'eau et de la farine, un blanc d'œuf et quelques autres ingrédients, on pouvait faire du lait, se mit un beau jour à composer, avec toutes ces substances combinées dans les proportions voulues, une mixture qu'il enferma dans une bouteille. Le mélange devenant blanc, le droguiste s'écria : « Quel beau lait ! » Il le goûta et le trouva parfait pour la pratique. Les chalands vinrent et goûtèrent à leur tour ; mais ils ne partagèrent pas l'opinion du droguiste et la mixture ne trouva pas d'acheteurs.

En toute honnêteté, je puis le dire, ce livre n'est point fabriqué comme le lait du susdit droguiste. Ce n'est point un livre de science, mais un livre d'art à propos de la botanique ornementale appliquée à l'embellissement de nos demeures. Les considérations morales qui ressortent de toutes choses, ne manquent pas dans cette question, jugée à tort futile, des jardins d'appartements et de fenêtres ; nous les indiquerons à l'occasion. La partie technique de la culture sera touchée avec tout le détail que comporte un semblable sujet. Mais, comme tout est sérieux, même la futilité, nous mêlerons, par-ci par-là, quelques traits qui puissent dérider le lecteur affadi par la technologie horticole. Si l'on nous accuse d'avoir mal à propos tenté de mêler l'agréable à l'utile, nous nous défendrons en disant qu'il ne faut jamais mépriser les frivolités qui tendent à amuser un peu tout le monde; à ceux qui trouveront que les apparentes frivolités sont déplacées dans notre livre, sous prétexte que ce sont là les preuves d'esprit de ceux qui n'en ont guère, nous répondrons que nous ne voulons, en aucune manière, faire preuve d'esprit et qu'en tous cas nous pensons avec Talleyrand que ceux qui n'ont guère d'esprit en ont toujours plus que ceux qui n'en ont pas.

Muni de nos conseils, cher lecteur, mettez-vous à l'œuvre hardiment : mais gare les sottises!

Sachez bien ce que vous faites, autrement il vous adviendra comme à la dame de Bayeux qui avait pris à son service un grand garçon dont on lui avait garanti la probité, tout en faisant des réserves graves quant à l'intelligence.

— La probité, voilà l'essentiel, dit la dame; quant au reste, je le formerai, et elle sort en voiture pour faire des visites.

— Germain, s'écrie-t-elle, mes cartes, les avez-vous?

— Oui, madame.

— Bien!

Germain prend place derrière la voiture, les visites commencent, et dans chaque maison où les maîtres sont absents, la dame fait déposer deux cartes, et ainsi de suite pendant quinze visites. A la seizième, la dame interpelle son domestique :

—· Germain, ici vous remettrez trois cartes.

— Impossible, madame.

— Et pourquoi?

— Madame, c'est qu'il ne m'en reste plus que deux, l'as de trèfle et le sept de pique.

Vive les gens d'intelligence!

Tâchez, cher lecteur, de n'en point manquer et rendez-vous bien compte de vos moindres opérations. Si vous plantez en hiver ce qui doit être planté en automne, si vous égarez dans votre mémoire les conseils des horticulteurs, si vous confondez les sacs où sont vos graines, si vous ne mettez pas les qualités de terre recommandées, etc., etc., vous êtes sûr de votre affaire.

— Papa Doliban, dit Danières, j'avais planté des pommes de terre dans mon jardin; savez-vous ce qui est venu?

— Parbleu, répond Doliban, voilà une belle question! il est venu des pommes de terre.

— Point du tout, il est venu des cochons qui les ont mangées.

Voilà, lecteur, ce qui vous adviendra si vous jardinez à la légère et la tête en l'air, le nez au vent, sans réfléchir au soleil, à la pluie, au temps, au terrain, à la dépense, aux oiseaux du ciel et aux voisins.

IV

Afin d'établir un peu d'ordre dans nos étu des, nous examinerons séparément :

1° Les ustensiles et le matériel;

2° Le jardinage dans l'appartement;

5° Le jardinage à la fenêtre;

4° Les petits jardins;

5° Le commerce des fleurs et quelques généralités de la culture d'appartement et de fenêtre;

6° La pisciculture dans les plantes aquatiques d'appartement et de fenêtre.

LE JARDINIER

DES FENÊTRES, DES SALONS

ET DES PETITS JARDINS

CHAPITRE PREMIER

USTENSILES ET MATÉRIEL

—

§ 1er. — Généralités.

Pour obtenir du succès dans le jardinage, il faut être jardinier; jardinier émérite n'est pas le mot, mais jardinier amateur, et amateur sérieux.

En vain vous vous plaignez du marchand qui vous trompe, c'est vous qui êtes le bourreau de vos fleurs si vous ne savez pas les cultiver.

Aussi est-il bon, avant tout, que vous vous procuriez le peu de matériel et d'ustensiles nécessaires à l'horticulture minuscule que vous allez entreprendre, —

1.

les pots, les vases, les caisses, les jardinières, les terres, le terreau, les engrais, les arrosoirs, les binettes, les truelles, les serpettes, les sécateurs, les effeuilloirs dont vous avez besoin, — et que vous vous familiarisiez avec les opérations de labour, semis, boutures, marcottes, greffes, repiquage, empotage, rempotage, ratissage, sarclage, arrosement, bassinage, nettoyage, etc., que vous aurez besoin de renouveler tous les jours.

§ 2. — Pots, vases, bacs et caisses à fleurs.

Pour le jardinage artificiel de l'appartement et de la fenêtre, la base est le récipient. Ce récipient c'est le pot à fleurs, simplification la plus parfaite des vases, bacs, caisses et appareils de toute sorte destinés à la culture en dehors des conditions naturelles en pleine terre.

Les vases en zinc ou en porcelaine ne sont bons qu'à tuer les plantes ; ils sont peints, ils sont ornés, mais vous ne les utiliserez point.

Le pot à fleurs en terre rouge, qui n'est ni peint, ni orné, est, à frais minimes, ce qu'il y a à peu près de mieux. Il est poreux, l'aération s'y opère sans difficulté, et quand on l'habille d'un papier colorié, plissé, découpé, festonné, on a donné au vulgaire pot à fleurs toute la belle apparence qui séduit chez nos beaux messieurs frais sortis de chez le tailleur.

Si vous ne redoutez pas quelque peu de dépense, procurez-vous des bacs en bois coniques.

Vous en trouverez de toutes les grandeurs, de toutes les hauteurs, de tous les diamètres, avec cercles en fer plat, et anneaux ou sans anneaux. Pour la culture des orangers, grenadiers et lauriers, on peut les planter en plus minimes dimensions. La forme ronde de ces caisses est préférable à la forme carrée pour la culture des arbres. Les racines n'y rencontrent ni angles ni pieds à l'intérieur, et se développent à l'infini. Dans les caisses carrées, le soleil, frappant toujours sur des surfaces plates, dessèche et brûle les racines ; la forme ronde au contraire détourne constamment les rayons du soleil, et la terre reste fraîche ; de plus, les caisses, étant faites en bois debout, l'eau des arrosements ne sort jamais au travers des joints comme dans les caisses carrées, d'où il résulte une détérioration beaucoup moins rapide.

Dans une caisse carrée on ne peut pas toujours tourner une plante suivant sa belle face, parce que la caisse serait mal placée ; avec la forme ronde il ne faut plus penser qu'à l'arbre, la caisse est toujours bien.

Quant au décaissage, il y a un avantage immense :
il est toujours difficile de retirer un arbre d'une caisse
carrée, et le plus souvent on est obligé de la casser,
à moins que ce ne soit une grande caisse à panneaux.

Quand les caisses sont coniques, c'est-à-dire plus
larges en haut qu'en bas, si le fond est mobile et seulement posé sur des taquets, il suffit pour débaquer une
plante de poser la caisse sur une bûche, en ayant soin
qu'il n'y ait que le fond qui porte, puis on frappe sur
le bord supérieur ; la caisse tombe et la plante reste
en l'air avec sa motte; on peut alors changer la plante
de caisse, et l'ancienne caisse est, comme assemblage,
aussi bonne que si elle était neuve.

Enfin, ces caisses faites par un système mécanique,
sont de la plus grande régularité.

Ainsi les cercles de fer, les anneaux, les ornements
et les couronnes en fonte ornée et les tasseaux pour
les fonds, sont établis mécaniquement et toujours
sur le même modèle pour chaque grandeur de
caisse.

Tous ces objets peuvent donc servir indéfiniment
et être adaptés à des caisses neuves quand les anciennes seront usées.

Notez que, pour le plus grand nombre des plantes
et des arbustes d'ornement, les récipients de moyenne
dimension sont les seuls qui conviennent, par la rai-

son que, n'admettant que la quantité de terre nécessaire, ils défendent les racines des plantes contre les
humidités superflues qui les pourrissent.

§ 3. — **Terre, terreau, engrais**.

Chacune des plantes que l'on cultive en pots réclame une terre appropriée.

Voici la composition de la terre qu'il faut donner
aux plantes qui se cultivent d'ordinaire en chambre
et sur la fenêtre :

Bruyères, terre de bruyère pure.

Cactus, terre de bruyère pure.

Calcéolaires, terre de bruyère mêlée de terreau de
feuilles.

Camellias, terre de bruyère pure.

Cinéraires, terre de bruyère pure.

Epacris, terre de bruyère pure.

Ficoïdes, terre de bruyère pure.

Géranium, un tiers de terre de bruyère, un tiers de
terre franche, un tiers de terreau en feuilles, ou, à
défaut, un tiers de fumier et de poudrette soigneusement tamisée.

Grenadiers, bonne terre de potager mêlée de terreau gras.

Hortensia, terre de bruyère pure.

Lauriers roses, terre de potager et terreau gras bien mélangés.

Myrtes, terre de bruyère pure.

Orangers, un quart de terre franche, un quart de bonne terre de potager, un quart de terre de bruyère et un quart de terreau gras.

Plantes grasses, terre de bruyère mélangée de terre franche.

Plantes d'ornement de pleine terre, annuelles, bisannuelles ou vivaces, terre ordinaire de jardin partagée de terreau.

Pelargoniums : mélangez un tiers de terre de jardin, un tiers de terre de bruyère, un tiers de fumier à demi consumé ; — le meilleur est le fumier de vache.

Sedums, terre de bruyère pure.

La terre de bruyère est nécessaire pour réussir la culture en pot ; il y en a de plusieurs qualités. Ne vous fournissez que chez un floriculteur dont vous aurez apprécié la probité, afin de ne pas payer pour neuve une terre de bruyère usée, provenant du dépotage de vieilles plantes. Soyez aussi très-exigeant pour la terre à oranger, qui doit être préparée plusieurs mois à l'avance. Quant au terreau, vous en trouverez toujours aux marchés aux fleurs et votre laitière se fera un plaisir de vous fournir de bonne terre de jardin.

Les *engrais* ont pour but de rendre la fertilité à une terre fatiguée ou d'équilibrer les éléments dont elle se compose en vue de la culture dont on a fait choix : ce sont des substances végétales ou animales.

Dans les caisses à fleurs, on n'emploie que l'engrais consommé, afin que les végétaux en tirent immédiatement leur profit.

Le terreau gras, c'est-à-dire celui qui provient des vieilles couches et qui n'a pas encore servi, est un excellent engrais ; on en trouve chez tous les jardiniers maraîchers.

Avant de planter, avant de semer, et chaque année sans exception, vous étendrez sur toute la surface des terres de vos pots et de vos caisses un lit de terreau gras.

Selon que le sol est épuisé, vous répandrez vos engrais en quantité plus ou moins grande.

Quelle qu'en soit la quantité, vous le répandrez également et vous aurez soin de ne pas l'enterrer à une trop grande profondeur lorsque vous ferez vos petites opérations de binage, de sarclage, de labour, etc.

Si vous ne pouvez vous procurer du terreau, employez un fumier quelconque, faites attention seulement à ce qu'il soit assez consommé pour qu'on puisse le couper à la bêche.

La colombine, la fiente de pigeon à l'état pulvérulent, la poudrette, le guano, le noir-animal peuvent au besoin servir d'engrais, mais avec précaution et en très-petite quantité, à cause de leur énergie trop vivace et qui dévore.

Quelqu'engrais que vous mettiez dans la terre, vous n'êtes en aucune circonstance dispensé de recouvrir les semis avec un peu de terreau, comme nous l'indiquerons au paragraphe *semis*.

Vous ne négligerez pas non plus, pendant l'été, de couvrir la terre de paillis ou fumier court, ce qui empêche le sol de se fendre, conserve la fraîcheur des arrosements et ne manque jamais par la suite d'améliorer le sol.

N'oubliez pas, après vos petits labours, de herser le terrain de telle sorte que l'engrais se mélange d'une manière complète dans le terrain bien divisé.

§ 4. — Arrosements, bassinages et nettoyages.

L'arrosoir à gerbe est nécessaire pour distribuer l'eau en pluie.

La pompe portative, munie d'une gerbe d'arrosoir, est aussi très-commode ; mais il faut savoir s'en servir de manière à ne mouiller que les fleurs de l'appartement. Ne vous risquez d'ailleurs à l'utiliser au jardin, à la fenêtre, que lorsqu'il n'y a plus de passants dans la rue, sans quoi l'arrosage tombant sur eux, vous êtes passible des amendes légales.

Avec quelle eau ferez-vous vos arrosages ?

Un mot sur ce sujet important :

Deux Anglais, voyageant, s'arrêtent à Cologne, entrent dans un hôtel, se mettent, selon la méthode suivie en Angleterre, à demander les prix du couvert à table d'hôte et à établir le menu sur ces prix.

Le marchand, accoutumé à voir ses dîneurs payer sans contrôle et se laisser voler sans crier gare, fut assez irrité du procédé ; mais il fit ses prix et, tout bien discuté, nos Anglais s'assirent à table.

Après le repas, où nos gens mangèrent comme quatre et burent de tous les vins que possédait la cave de l'aubergiste, vint le compte, salé sans doute, mais dans les tarifs déjà convenus.

Tout à coup nos Anglais s'arrêtent, sur ce compte figurent les deux carafes d'eau qu'ils ont bue, mais à quel prix? vingt francs la carafe! ils jettent les hauts cris.

— Eh quoi! il faut donc payer l'eau dans ce pays-ci et la payer si cher.

— Sans nul doute, milord, dit l'aubergiste, c'est de l'eau de Cologne.

Hélas ! à Paris, l'eau est bien chère aussi. C'est que c'est l'eau de Paris, gâtée, salée, tenue en marécage dans le tonneau du porteur d'eau, dans la fontaine de la maison, et cependant si chère, si chère que bien des floriculteurs d'appartement, pour l'économiser, n'arrosent pas leurs fleurs. Résultat clair, le jardin dépérit, la plante s'étiole, en deux jours les fleurs sont mortes.

Les prodigues, au contraire, jettent cette eau si chère à pleins flots sur les fleurs infortunées. Résultat tout aussi clair. La fleur périt.

Conclusion. Il faut de l'art en tout, même dans l'arrosage des plantes, et voilà pourquoi nous allons traiter ici cette question difficile.

Pour les jardinets qui nous occupent, les conditions de l'arrosage sont très-importantes ; et c'est le plus délicat des soins que vous ayez à donner à vos fleurs. Le choix de l'eau n'est pas sans influence, l'eau de pluie est celle qui convient le mieux. L'eau de puits est la moins bonne.

L'eau, quand elle a été passée aux fontaines filtrantes de maison, a perdu la plus grande partie de ses qualités fertilisantes, il faut l'employer non filtrée. De plus n'arrosez jamais les plantes qu'avec de l'eau amenée à la température des pots. Les Camellias, les

Gardenias et quelques autres arbustes à végétation vivace et résistante supportent les vigoureux arrosements avec l'eau engraissée des lavages de vaisselle.
Seulement vous n'opérerez ces arrosements énergi-
ques qu'une ou deux fois par quinzaine et aux époques
de floraison.

Les arrosements sont la partie périlleuse de toutes
les cultures et surtout de celle qui nous préoccupe.
Beaucoup de plantes sont débilitées et tuées par ces
arrosements vicieux dont on les immerge ou qu'on
leur inflige mal à propos.

Les irrigations doivent être régulières et modérées.
Quand la plante n'a pas atteint sa floraison, ils doivent
être augmentés à mesure que l'évaporation est plus
copieuse. Ils doivent être prodigués lorsque la chaleur
sera à son maximum ou lorsqu'il soufflera des vents
desséchants et perpétuels pendant plusieurs jours.

Il est en outre des plantes qui demandent beaucoup
d'eau. Il en est d'autres qui ne réclament que la sécheresse. Cette différence tient à la végétation qui est
plus ou moins rapide et à la disposition du feuillage.

On voit combien est dangereuse l'erreur des amateurs qui imaginent que plus ils arroseront leurs fleurs,
plus elles prospèreront.

Une autre considération importante, c'est la température de l'eau. Une eau très-froide, sortant du
puits peut, lorsqu'il fait chaud, tuer les plantes

tout à coup. Le mieux est de chauffer l'eau au niveau de l'air, au moyen d'eau chaude mélangée, ou d'exposer l'eau au soleil. Lorsque les plantes ne poussent pas avec vigueur, on enrichit l'arrosement avec un engrais.

On variera l'heure des arrosements selon les saisons; au printemps et en automne, alors que la chaleur du jour a besoin d'être conservée dans la terre pendant la nuit, on arrosera le matin, afin que le soleil ait le temps de réchauffer la tige qui ainsi supportera facilement la fraîcheur de la nuit ; en été, on arrosera le soir, et ainsi la fraîcheur de l'arrosement pénétrera pendant la nuit jusqu'aux racines.

Dans les soirées très-chaudes de l'été, on arrosera les plantes sur les feuilles. Pour atteindre les feuilles trop élevées, on se servira d'une pompe à jet forcé. Si l'on fait cette opération le matin, il faut qu'elle soit achevée avant le lever du soleil, qui, lorsqu'il rayonne sur les plantes immédiatement après l'arrosement, en brûle tout ce qui est mouillé.

Il faut éviter de mouiller les fleurs si l'on ne veut point les voir s'altérer ou mûrir trop précocement. On n'arrosera donc pas la tige des plantes en fleurs.

En hiver, il faut ne pas mouiller les feuilles des plantes qui végètent dans cette saison. Cet arrosement intempestif les fait pourrir.

Pour que l'on puisse atteindre chaque point du

jardinet et que l'on ne verse de l'arrosement que ce qui est nécessaire, nous conseillons l'emploi de l'arrosoir à long bec muni d'une gerbe. Son emploi facilite l'irrigation des pots rangés les uns devant les autres, sans qu'on soit obligé d'introduire ni les bras ni le corps entre les plantes. Le corps même de l'arrosoir ne touche pas au jardinet.

Un arrosement fréquent et habilement ménagé sur les feuilles en été les nettoie et en même temps les rend plus vertes et plus vigoureuses.

Si vous employez de l'eau de pluie, ayez soin de la puiser à l'avance, ce qui permettra au sédiment calcaire qu'elle contient de se déposer. Si lorsque vous l'emploierez elle éprouve un commencement de corruption, ne la rejetez pas ; au contraire, elle n'est que plus fécondante.

En thèse générale, proportionnez vos arrosements aux progrès de la végétation ; les plantes en fleurs réclament des arrosages beaucoup plus fréquents que les plantes dont la végétation n'est que commencée.

Modérez les arrosages et augmentez-les suivant la température, de manière que la terre soit toujours non pas humide, mais fraîche.

Après l'hiver, quand les gelées tardives envahissent le printemps, vous arroserez le matin.

En été, vous arroserez selon les besoins, toute la

journée. N'oubliez pas surtout d'arroser le soir, c'est une précaution pour que les plantes ne manquent pas d'eau pendant la nuit.

Les arrosages pendant l'été réclament certaines précautions attentives.

Non-seulement vous arroserez au pied de la plante, mais vous BASSINEREZ la plante après le coucher du soleil. Il ne suffit pas de mouiller les racines ; il faut encore procurer aux feuilles l'humidité qu'elles ne trouvent pas dans l'atmosphère, surtout au milieu des villes où les murs réverbèrent sur toutes les faces une chaleur suffocante qui sèche les plantes et les tue.

A proprement parler, les plantes dans l'appartement n'ont qu'un ennemi, la poussière qu'on ne peut empêcher de se produire partout où il y a un ménage à faire.

Les plantes qui, comme les Camellias, les Rhododendrons, les Kalmias, ont le feuillage ample et solide, doivent être arrosées feuille à feuille avec une éponge dure légèrement humide. Cette opération doit se renouveler au moins deux fois par semaine.

Pour les plantes dont le feuillage trop dévié ne se prête pas à ce nettoyage, les Éricas, les Épacris, par exemple, on les arrose avec l'arrosoir à long bec muni d'une pomme à trous infiniment ténus et rempli d'eau à température moyenne. Chaque pot contenant une plante à nettoyer est pris successivement et inclin au-dessus de la pierre à laver, puis, avec l'arrosoir, on fait tomber sur la plante, en la retournant dans tous les sens, une pluie très-divisée. On évite ainsi de mouiller en excès la terre des pots, et les plantes sont complétement débarrassées de la poussière.

En automne, arrosez le matin. Le soir c'est une précaution superflue, les nuits étant toujours fraîches pendant cette saison.

§ 5. — Température et aération.

Le célèbre médecin Bordeu avait guéri d'une maladie très-grave le frère du chimiste Racelle. Celui-ci, qui n'avait pas approuvé le traitement, se mettait en fureur au seul nom de Bordeu.

— C'est un ignorant, disait-il, un détestable praticien ; tenez, il a tué mon frère que voilà !

L'hiver est ainsi souvent accusé de tuer toutes les plantes, mais c'est à tort ; ce n'est pas lui qui est meurtrier, c'est nous qui ne savons pas soigner les fleurs que nous emmagasinons chez nous.

La chaleur n'est pas ce qui importe le plus à la bonne santé des plantes ; au plus grand nombre, il suffit de la chaleur modérée de nos appartements habités. Le point essentiel est qu'elles ne passent pas par de brusques alternatives de chaud et de froid, et qu'il y ait entre la température du jour et de la nuit le moins de différence possible.

Il y a d'ailleurs des plantes qui aiment le soleil, d'autres qui se plaisent au froid. Mettez le Camellia sur de la neige et le Perce-neige près du poêle, vous êtes sûr qu'ils mourront tous les deux.

Pendant un hiver rigoureux, un valet en livrée de riche maison remarqua un pauvre domestique qui vaquait à ses affaires habillé peu chaudement pour la saison.

— Comment faites-vous, lui dit-il, pour être si légèrement vêtu?

— Comment je fais, répondit l'autre gravement, je gèle.

Ainsi feront vos plantes ; elles mourront de leur belle mort.

Il faut aussi que l'air soit continuellement renouvelé, que votre cheminée donne un feu clair et dégorge en dehors toute la fumée. Qu'elle ait un bon tirage, tout est pour le mieux et vos plantes se portent bien, et vous ne vous irritez point la gorge. Si vous placez vos plantes dans une chambre dont la cheminée fume ou qui soit chauffée au poêle, vous êtes sûr d'avoir la migraine et vos plantes aussi. Prolongez ce régime et vous verrez le bel aspect de vos plantes! Surtout n'essayez pas de les montrer à un jardinier de profession, il vous répondrait, non sans raison, comme frère Turlupin à son confrère Guillot Garjet, farceur de tréteaux :

— Tu m'as fait la mine, disait Garjet.

— Non, dit Turlupin ; si je te l'avais faite, tu l'aurais meilleure.

Pourtant, direz-vous, dans les serres, c'est par des calorifères et divers systèmes de tuyaux de chaleur que les plantes sont chauffées, et elles ne s'en portent pas plus mal. D'accord ; mais le long des tuyaux de chaleur sont ménagés d'autres tuyaux de ventilation qui amènent sans interruption dans la serre de l'air extérieur, chauffé par son contact avec les tuyaux de chaleur avant de se mêler à l'atmosphère intérieure ainsi renouvelée sans interruption ; il ne peut y avoir rien de semblable dans une chambre chauffée par un poêle ou par un calorifère.

Le système qui s'établit enfin de chauffer toute une maison au moyen d'un termosyphon ou appareil à circulation d'eau chaude placé dans la cave, facilitera la culture des fleurs dans les appartements et sauvera bien des plantes qui dès lors pourront être chez nous soumises à une température aussi égale que dans les serres des floriculteurs.

§ 6. — Lumière.

La lumière est un élément dont les plantes ont autant besoin que de l'air ; mais l'air et la lumière, dans les villes, font souvent défaut aux plantes d'appartement et même de fenêtre. Les fenêtres ouvrent sur des rues sombres, face à face avec des constructions à sept étages, qui s'allongent en rues étroites de plusieurs kilomètres ; joignez à cela les cours sombres, les émanations fétides, les ruisseaux, la pluie, la boue, les immondices, les saletés des coins de rues, et vous jugerez que les hommes résistent à peine à tant de choses nuisibles, mais que les plantes y périssent fatalement.

Dans votre appartement, vous aviserez en conséquence à disposer vos plantes de manière à ce qu'elles profitent de la lumière. Si, dans votre logement, le soleil éclaire successivement des pièces à des expositions différentes, transportez les plantes en pots d'une chambre à l'autre et ainsi elles ne perdront aucun rayon de chaleur et de lumière.

§ **7. — Ratissage, sarclage. — Binette, truelle, serpette et sécateur.**

Les caisses à fleurs, les jardinières et tous les récipients où croissent vos plantes ont de la terre. Cette terre se tasse et se durcit et les plantes souffrent.

La *binette* vous servira à prévenir ce tassement et cette croûte dure si préjudiciable aux plantes. Il y a des binettes de toutes dimensions ; il ne vous faut ici que la binette à manche court; pour les pots très-petits il vous suffira même d'une *truelle*.

La *serpette* et le *sécateur* vous serviront si vous avez quelques arbres à fruits, quelques arbustes, des rosiers; il sera toujours bon d'être muni de ces petits ustensiles ; il y a toujours à ébrancher, à tailler, à émonder dans ce jardin menu qui décore vos fenêtres et votre appartement.

Nous parlerons de l'*effeuilloir* au chapitre du jardin à la fenêtre.

Quand la terre est épuisée, il faut la renouveler. Quand elle n'est que fatiguée, il faut lui donner de l'engrais. (V. le paragraphe *Engrais*.)

On bine aussi bien la terre des pots à fleurs que le

sol des jardins. On bine suivant le besoin avec la lame
ou avec les dents, on divise le sol et on s'arrête lorsqu'on le juge devenu perméable aux influences atmosphériques et aux arrosements. Dans quelques circonstances, pour les plantes repiquées, par exemple,
le binage peut remplacer le sarclage, et alors on peut
quelquefois employer la ratissoire au lieu de la
binette.

Le *sarclage* a pour but de purger le sol des plantes
étrangères à la culture qu'on a choisie et des herbes
mauvaises qui y sont venues.

Cette opération se fait à la main ; elle réclame une
certaine habileté et même de la pratique. On ne sait
pas tout d'abord distinguer les plantes qui doivent être
conservées de celles qu'il faut conserver.

Lorsque la terre est sèche, ce travail devient difficile. Aussi est-il bon de prendre la précaution de
mouiller la terre à sarcler une ou deux heures avant
le sarclage.

§ 8. — Labour, semis, bouture, marcotte, greffe, repiquage, empotage, rempotage.

Les labours de vos caisses, et, plus en petit, de vos
pots à fleurs, se fait à reculons ; vous prenez la terre

par bêchée et vous la replacez sur l'autre bord de la jauge ; vous la retournez chaque fois de manière à ce que la terre qui a servi se retrouve dessus.

En hiver, vous mettrez du fumier dans chaque jauge et vous ne l'enterrerez qu'à la profondeur suffisante pour qu'il se trouve à la portée des racines. Vous écraserez soigneusement les petites mottes de terre et vous rejetterez les pierres, les tessons, les détritus, les racines gâtées.

Tout ceci réclame des soins minutieux et difficiles à dire. C'est un ménage de poupée : les enfants y sont très-habiles. Profitez-en pour leur éducation. Aucun domestique ne voudra prendre ces soins pour vous, et il vous mentira s'il dit qu'il ne vous a point désobéi.

Plusieurs seigneurs de la cour s'entretenaient de leurs valets ; l'un dit : — Je donne à mon maître-d'hôtel cent pistoles. — Et moi quinze cents francs, dit un autre. — Pour moi, dit un troisième, je me croirais déshonoré si cet homme travaillait pour moi à moins de quatre mille francs. La somme parut exhorbitante. — Mais le payez-vous ? lui demanda-t-on. — Jamais, répondit-il.

Eh bien, payez vos valets le prix que vous voudrez, et donnez-leur des fleurs à soigner dans vos salons, et vous verrez comme ils se hâteront de vous demander congé. Après cela, s'il s'agit de fleurs à eux, à cultiver dans leurs chambres respectives, ils auront pour leurs fleurs mille fois plus de soins que pour toutes celles que vous pourrez leur confier.

Morale de la chose : faites vous-même les opérations de votre petit jardinage et ne comptez sur personne.

Dans les caisses et pots à fleurs, les *semis* se bornent à quelques pincées de graines que vous répandrez uniformément sur le sol ou dans un petit sillon quand vous voulez obtenir des volubilis, des capucines, des pois de senteur, destinés à grimper le long d'un treillage.

D'autres fois, vous vous bornez à faire, avec un plantoir ou avec le doigt, un trou dans lequel vous déposez une ou plusieurs graines suivant leur grosseur.

Quelquefois aussi on sème soit dans une caisse séparée, soit dans un coin de la caisse, des plantes destinées à être repiquées dans d'autres caisses. Cette opération s'appelle semer en pépinière.

Nous reviendrons sur ce sujet.

Pour les *boutures*, nous devons renvoyer aussi page 62.

De même pour les *marcottes*.

La *greffe* est un procédé de multiplication très-profitable dans notre horticulture familière. La greffe en écusson est le procédé le plus en usage. Il consiste à enlever en mai ou en juin un œil de l'arbre que vous voulez multiplier, rosier à tige, arbre

fruitier, etc.; à cet œil vous conservez quelques millimètres de l'écorce sur laquelle vous opérez; vous
faites une incision en forme de T sur la tige ou sur
l'une des branches que vous greffez; dans cette incision, vous introduisez l'œil préparé d'avance. Pour
le maintenir en contact parfait avec le sujet, vous
donnez quelques tours de ligature de laine. Si vous
désirez que les greffes ne se développent que l'année
suivante, vous n'opérez votre greffe qu'en août et septembre.

Quant au *repiquage*, vous prenez un plantoir ou un
morceau de bois pointu, vous trouez le sol, vous déposez la plante dans ce trou, vous foulez la terre autour des racines, vous arrosez et ombragez la jeune
plante. Si le temps est très-sec, vous arrosez avant de
repiquer.

Voilà bien des travaux, direz-vous. Ils sont essentiels, sinon votre culture sera chimérique, et je
vous plaindrai de n'avoir pas un grand jardin à votre
disposition; si vous négligez un petit pot de fleurs, re-
noncez au jardinage et n'achetez pas de champs, vous
les négligeriez de même.

Le maréchal de Vivonne était d'un excessif embon-
point et souvent il en plaisantait lui-même avec une
grâce charmante. Un jour le roi le plaisantait devant
le duc d'Aumont, qui lui-même était énorme.

— En vérité, maréchal, dit le monarque, vous

grossissez à vue d'œil ; mais aussi vous ne faites point d'exercice.

— Oh ! sire, c'est une médisance, répliqua-t-il ; il n'y a pas de jour que je ne fasse au moins trois fois le tour de mon cousin d'Aumont.

Faites par jour trois fois le tour de votre jardin, et je vous assure que vous aurez du travail.

Passons à l'*empotage* et au *rempotage*.

Si vous n'achetez pas votre plante toute plantée et bien en train, il vous faudra vous-même opérer l'empotage. C'est une opération délicate.

Vous achetez du terreau et de la bonne terre de jardin ; vous mélangez; le mélange fait, vous le tassez légèrement à l'intérieur du pot en ménageant un rebord vide d'un ou deux centimètres, en ayant soin de placer au bas du pot, à la sole, sur le trou par où s'opère l'écoulement des eaux, un tesson qui couvre l'orifice et qui empêche l'eau d'entraîner la terre en s'écoulant.

Quand le printemps se prépare, la végétation palpite déjà ; dès que le soleil s'allume, on la sent fermenter dans les plantes abreuvées de séve. Les mois que l'on parcourt alors sont inconstants ; ils répandent par caprices et par boutades les ondées, les vents, les effluves de chaleur et de lumière, les atmosphères grisâtres, les tièdes journées, les nuits de froid et de givre ; ces variations obligent à mille précautions l'horticulteur des plantes familières de nos appartements et de nos croisées.

Le rempotage est en ce moment une mesure nécessaire pour les arbustes vigoureux élevés en pots. Ces plantes absorbent vite les sucs de la terre où elles grandissent, et la maigreur de leurs pousses, le jaunissement de leurs feuilles annonceraient bientôt qu'elles ne trouvent plus de quoi vivre si on ne les renouvelait par le procédé que nous avons mentionné et que nous allons décrire.

Pour opérer le rempotage on prend chaque pot, on place la main gauche sur la surface de la terre et on laisse la tige passer entre les doigts ; on renverse le pot, et, le soutenant de la main droite, on le toque légèrement ; la motte se dégage et on l'inspecte. Si elle est tapissée de racines desséchées, on les coupe ; si l'on aperçoit de la terre épuisée, on la fait tomber ; on supprime les racines désempotées ou rompues ; la motte est ensuite imbibée d'eau et mise à dégoutter, après quoi on la rempote. Le pot qui lui est destiné doit être proportionné à la vigueur de la plante et au volume de ses racines ; il doit être nettoyé et recouvert à chaque trou de tessons que l'on noie dans du gravier. Sur ce gravier on étend un lit de terre végétale, et dessus on place la motte égouttée et maintenue la tige au milieu du pot et bien perpendiculaire ; entre la motte et les parois du vase on insinue de la terre que

l'on tasse en heurtant le fond du pot contre le sol et
on comble avec de la terre que l'on foule du doigt en
ayant soin de laisser, entre la surface de la motte et
les rebords du pot, un vide qui puisse servir de bassin
à l'eau des arrosements. On supprime ensuite les pousses
surabondantes qui pourraient fatiguer la plante ou se
faner ; on mouille à plusieurs fois pour faciliter la reprise de végétation et l'adhérence. On place, à l'ombre,
et quelques jours après l'empotage on diminue les
arrosements. Le rempotage printanier s'applique aux
Pelargenium, aux Calcéolaires, aux Verveines, aux Cinéraires, aux Camellias, aux Hortensias et aux plantes
grasses. Les Pelargenium sont les plus pressés, et certains jardiniers les rempotent même dès le commencement de septembre.

L'abbé Haüy, grand minéralogiste, était tout entier
à l'étude et regardait le monde politique comme une
chose sans importance et le serment à un gouvernement nouveau comme une inutilité. Il avait prêté le
serment voulu à Louis XV, à Louis XVI, à la Républi-
que, au Directoire, au Consulat, à l'Empire ; seulement
il trouvait que cette cérémonie revenait un peu trop
souvent : cela le dérangeait ; aussi, quand vint la Res-
tauration, il dit avec une admirable naïveté au fonc-
tionnaire chargé de recevoir son serment : — Monsieur,
ne vous serait-il pas une fois pour toutes, possible
d'enregistrer le serment solennel que je fais d'avance

à quiconque gouvernera, de lui obéir et de lui rester toujours fidèle. Cela serait pour moi une grande économie de temps.

Je vous en dis autant, cher lecteur ; je vous recommande mille opérations, mille soins, mille précautions ; chaque fois, j'aurais à vous répéter mes recommandations ; il suffit, sans que j'y insiste plus, que je vous dise une dernière fois qu'avec les quelques conseils que vous glanerez ici, si vous les suivez bien, vous êtes sûrs d'avance du succès dans la culture de vos fleurs à la fenêtre et dans l'appartement.

CHAPITRE II

—

§ 1ᵉʳ. — La chambre-jardin.

La culture des fleurs dans l'appartement et aux fenêtres ne connaît pas de saison ; elle réussit en hiver
comme en été, au printemps comme en automne ;
néanmoins la culture aux fenêtres a surtout de l'attrait
aux beaux jours de la saison clémente, et la floriculture d'appartement ne saurait être plus agréable que
lorsque les tristes jours des frimats du vent, du froid
et de la pluie sont venus. Alors les beaux jours se sont
enfuis, les herbes survivantes se détrempent dans de
malsaines humidités ; les brises refroidies gémissent
dans les rameaux des arbres dépouillés, la nature
glacée a perdu sa lumière et son accent ; elle est nue,

triste, moribonde; les neiges tombent, c'est l'hiver !
Il faut déserter les champs et les collines, renoncer
aux galantes aventures des bocages, dire adieu aux
attrayantes courses sur l'eau, aux sentimentales promenades dans les traînes embaumées, aux joviales
réunions en plein air, aux régates, au turf, aux chas-
ses à courre, aux steeple-chases à Chantilly, à Versailles, à la Marche, au bois de Boulogne; il faut
confier à de plus braves les enivrements de la chasse,
rentrer dans les maisons, s'installer tout frileux dans
la robe de chambre, et, près du foyer attisé, se cloî-
trer comme un podagre rivé sur sa chaise.

Pendant l'hiver, la culture des fleurs s'abrite près
du foyer, où nous attirons aussi les oiseaux, et nous
retrouvons dans l'appartement, à mesure que les
beaux jours s'éloignent, les mêmes soins et les mêmes
plaisirs qui nous ont charmés pendant l'été. La jardinière est aussi bien garnie que pendant la belle saison ; si nous avons trouvé notre plaisir à cultiver des
fleurs à la campagne, dans les jardins en plein air,
nous allons avoir tout autant de joie, à retrouver, à
notre foyer, une floriculture tout aussi détaillée et
délicate.

L'appartement peut servir d'orangerie ou de serre
tempérée ; les plantes de serre chaude n'y réussissent
pas, par la raison qu'une chambre, si bien organisée
qu'elle soit, ne peut être favorable à la culture forcée ;

3

mais les plantes auxquelles suffit l'orangerie ou la
serre tempérée, acquièrent tout leur développement
dans l'appartement ; et comme leur nombre est incalculable, la culture des fleurs dans les appartements
peut être variée à l'infini.

Voici les conditions que doivent réunir les chambres
destinées aux plantes d'orangerie et de serre tempérée.

La température ne doit jamais s'abaisser au delà
de deux degrés au-dessus de zéro. Pour obtenir cette
moyenne, on fera du feu dans les jours froids. Le
meilleur mode de chauffage est la bouche de chaleur.
Il faut éviter que l'effluve de chaleur ne frappe directement les plantes, surtout lorsqu'on emploie la va-
peur pour rendre l'atmosphère humide et chaude à la
fois. Un autre mode de dispenser le calorique, est de
placer dans l'appartement un petit poêle de fonte où
l'on ménage le feu de manière que la chaleur soit
émise en diffusion égale et continue, car la température intempestivement échauffée excite une végétation
prématurée, et les plantes pourraient souffrir, lorsque,
le temps étant radouci, on remplacerait le feu par l'air
du dehors. Si des difficultés imprévues empêchent de
chauffer l'appartement à la température convenable,
on se contentera de tenir les plantes en habitude de
peu de chaleur, pourvu que le thermomètre ne des-
cende pas au-dessous de zéro.

L'appartement qui tient lieu de serre doit être constamment sec. Une habituelle humidité maltraite plus les plantes que le froid rigoureux.

Les végétaux qui ont besoin de lumière doivent être placés près du jour.

Les plantes ne seront pas trop rapprochées ; on en restreindra le nombre de telle sorte, que le local ne soit pas encombré.

La pièce sera distribuée pour que l'air puisse circuler en abondance, et à proportion des besoins. Les fenêtres seront munies de volets qu'on fermera le soir lorsque la nuit s'annoncera humide et froide. Des bourrelets seront placés à tous les interstices des portes et des fenêtres, pour éviter les vents coulis qui, frappant avec constance sur la même plante, peuvent l'endommager gravement et peut-être la faire périr.

Lorsqu'on a peu de jour, il est bon de changer les plantes de place, tous les huit jours au moins, et de procurer à chacune d'elles, à son tour, l'indispensable bienfait de la lumière. Les arbustes qui ne conservent pas leurs feuilles, et qui cependant redoutent la gelée, peuvent être placés loin des jours. Ces plantes se conservent très-bien, même dans une cave, pourvu qu'elle ait un soupirail par où leur arrive l'air qui leur est nécessaire.

L'époque à laquelle on doit rentrer et hiverner les

plantes ne peut être précisée; on rentre d'abord les plantes qui paraissent les plus délicates.

Il faut ouvrir les fenêtres de l'appartement servant de serre chaque fois que le temps le permet, lorsqu'une température douce donne de petites pluies, et quand le soleil est brillant et assez chaud pour empêcher le thermomètre de descendre au-dessous de zéro dans l'intérieur de l'appartement. Souvent on se livre au plaisir de voir le soleil briller sur les plantes; la température fraîchit, et le lendemain on trouve des fleurs flétries et quelquefois mortes.

§ 2. — La serre-salon.

L'appartement qui sert d'orangerie ne doit pas être habité; si l'on est dans l'impossibilité de réserver une chambre spéciale aux plantes que l'on cultive, on peut les faire végéter dans les pièces les moins habitées, ou bien se borner à cultiver des plantes qui puissent végéter sur des fenêtres, malgré le froid et la gelée, et qui, bien que robustes, réclament cependant un léger abri et des soins particuliers qui seront indiqués plus tard.

A côté du salon ainsi transformé en vaste jardnière, on a imaginé une serre familière, dont l'usage sera bientôt vulgarisé, grâce à la mode qui s'en empare, et grâce aussi aux plaisirs multiples dont elle peut être l'occasion. On l'appelle la SERRE-SALON et l'organisation en est facile aujourd'hui que l'art et la rapidité des communications mettent à la disposition de tous les pays les plantes de l'ancien et du nouveau continent, et que, grâce aux améliorations successives apportées à la fabrication du fer et du verre, le luxe d'une serre bien établie et pourvue de tout ce qui peut y faire réussir les plantes des deux hémisphères, devient chaque jour moins coûteux.

Le propriétaire qui fait construire à neuf, ou seulement réparer à fond une maison de campagne ou de ville, peut aisément y ménager, au rez-de-chaussée et à l'une des extrémités, un salon à la suite duquel il fait élever de plain-pied une serre tempérée qui peut être divisée en deux par une cloison vitrée pour servir en même temps de serre chaude. Le premier compartiment est disposé de manière que l'on peut, à volonté, faire ranger sur le côté les étagères qui supportent les plantes, étendre un tapis sur l'espace laissé libre au milieu, disposer des siéges et des canapés, accrocher quelques lustres au toit de la serre, et en faire ainsi la continuation du salon.

Cet arrangement ne compromet pas la santé des plantes. Les personnes que fatiguent le bruit et la chaleur d'une salle occupée par une société nombreuse viennent chercher dans la serre-salon, le calme et une fraîcheur relative (l'atmosphère de la serre devant être renouvelée constamment, par un système de ventilation non interrompue), et après le dîner on peut, en toute saison, cueillir son dessert aux branches qui le portent, puis, après, pour le bal, choisir soi-même son bouquet dans les fleurs vivantes de la serre.

Les serres-salon offrent des ressources inespérées pour les soirées, les dîners, les réunions de plaisir ou d'apparat. Nos fêtes privées, nos bals les plus splendides, n'ont ni fraîcheur ni élégance, s'ils ne réunissent pas tous les éblouissements. Il faut qu'ils offrent toutes les satisfactions tumultueuses qui enivrent les sens et charment l'esprit; les jets pressés des cascades harmonieuses, les pyramides de fleurs vivantes, les flots de lumière, les tissus précieux, les riches et éclatantes toilettes, les scintillements des pierreries et des diamants; mais à côté de tous ces fracas de lumière et de bruit, de ces flots de feu, qui jettent tant d'animation dans ces bals, dans ces fêtes, où l'on se promène et où l'on danse bien plus qu'on ne cause, il est besoin çà et là, pour les esprits réservés et graves, de petits coins abrités, où l'on puisse retrouver les loisirs calmes, pour la causerie fine et bien écoutée, pour les conversations piquantes, artistiques, divisées en

petits comités épars, qui s'établissent partout où les
attirent la lumière douce et pure, les accents amollis
de la musique inspirée, les émotions paisibles et sen-
ties des arts, les tableaux, les trilles mélodieux des
oiseaux des volières, l'écho faible des eaux jaillissantes, les fleurs vivantes répandant comme une suave
clarté, charmant les yeux et embaumant légèrement
l'air tiédi.

Tous ces éblouissements, il est facile de les concentrer dans la serre-salon. Pour diviser les masses,
éparpiller les groupes, disperser les conversations et
faire de la serre-salon comme une nichée de salons-
bonbonnières, il suffit d'y introduire un meuble d'o-
rigine chinoise, qui serait depuis longtemps en faveur
à Paris, si l'exiguïté des appartements l'eût permis,
mais qui y règne désormais depuis que les serres-salon sont à la mode. Ce sont des paravents de glaces
sans tain, sur lesquelles, à travers les innombrables
enlacements de l'ivoire et de la nacre, sont peintur-
lurés des myriades de miniatures fantasques, des
magots grimaçant, d'inextricables réseaux d'insectes
élançant en fusées contradictoires leurs formes bizarres, des gerbes de fleurs aux nuances extravagan-
tes et des fouillis d'oiseaux microscopiques, mariés en
enchevêtrements dont l'idée n'a pu naître que dans
les hallucinations charmantes du hatchis. Ces paravents se ploient se déroulent à volonté. On les trans-

porte près du piano, à la croisée, près du feu, près des
fontaines, le long des plates-bandes. Ce sont des bou-
doirs mobiles, qui se prêtent à tous les caprices, à
toutes les exigences et qui, dans les immenses salons,
les vastes serres, permettent de s'abriter des alternatives du froid et du chaud, et de s'isoler dans l'intimité qui fait le charme des pièces restreintes. Derrière
chaque paravent des colonies s'organisent ; ce sont
autant de salons différents, autant de petites coteries ;
la médisance s'y met à l'abri, on déchire tout bas et
en toute intimité les amis du paravent voisin, auxquels on adresse en même temps, à travers le cristal
transparent, les sourires les plus gracieux de la bien-
veillance et de la cordialité. La glace est un rempart
qui transmet les saluts, mais qui concentre la voix
entre ses panneaux. En Russie, où les chambres sont
vastes autant que le climat est rigoureux, et où les
serres-salon sont très-nombreuses, il n'existe pas de
maison qui n'ait de nombreux paravents.

L'initiateur, en France, de ces merveilleux paravents très-communs en Espagne et dans le midi pyré-
néen de la France, est madame Louis Figuier. Placés
sous ce patronage charmant, les paravents de cristal
ont conquis subitement un succès mérité. Ils sont le
digne couronnement de la culture familière des fleurs
à la fenêtre et dans l'appartement.

§ 3. — Les orchidées.

Dans les chambres vastes organisées en jardin et dans les serres-salon, nulle plante ne trouve mieux sa place brillante et choisie que les orchidées.

Nous allons en parler ici en détail. Nous raconterons leur histoire, nous énumérerons leurs principales espèces, nous dirons les soins qu'elles réclament, spécialement dans la culture difficile qui fait l'objet de ce livre.

La famille de plantes à laquelle les botanistes ont donné le nom d'*Orchidées*, et qui a pour type l'orchis mâle (*orchis mascula*), jolie plante aux feuilles tachées de noir, fort commune dans les prairies naturelles des climats tempérés, appartient à l'aristocratie des végétaux. Les belles orchidées d'ornement font toutes partie de la flore des régions intertropicales. Quelques-unes se rencontrent à l'état sauvage dans les contrées les plus chaudes de l'Indostan, de l'Indo-Chine et des îles du grand Archipel Indien ; le plus grand nombre provient du nouveau monde, où on les trouve dans les parties boisées du Mexique, de l'Amérique centrale, et du vaste continent de l'Amérique du Sud. Toutes les orchidées ne sont pas des plantes d'ornement ; les peuples orientaux préparent et emploient en grande quantité sous le nom de *salep*, comme médicament analeptique, la poudre des racines tuberculeuses de l'orchis mâle, dont la forme singulière avait donné lieu au nom parfaitement intraduisible (ὄρχις), que lui avaient imposé les botanistes de l'antiquité. Le salep s'est longtemps payé au poids de l'or en Europe, comme un médicament doué des propriétés les plus précieuses ; mais sa vogue est entièrement passée, depuis que les progrès de la thérapeutique ont démontré que ses vertus médicales n'avaient rien de bien réel. Il n'y a pourtant pas encore bien longtemps qu'on vendait fort cher du chocolat au salep de Perse, fort profitable au débitant de ce chocolat. Nous n'avons à nous occuper des orchidées que comme plantes d'ornement ; c'est seulement en cette qualité qu'elles tiennent un rang très-distingué dans la flore de notre planète.

La beauté et la durée de la floraison des orchidées avaient frappé les tribus indigènes de l'Amérique du Sud, longtemps avant la découverte du Nouveau Monde. On trouve encore de nos jours les huttes où logent les familles de ces tribus, couvertes de *lælias*, de *cattleyas* et d'autres magnifiques orchidées, en fleur presque toute l'année sous leur heureux climat où l'hiver est inconnu ; ils les disposent, comme dans quelques-uns de nos départements où les habitants des campagnes placent des racines d'iris sur la couverture extérieure des fours. Chez les tribus américaines, l'usage d'orner et de parfumer les villages en couvrant les huttes avec les plus belles orchidées remonte à la plus haute antiquité.

En Europe, il n'y a pas plus de trente ans que les orchidées sont la plante de prédilection des riches amateurs de l'horticulture. Les plus belles se payent encore à des prix très-élevés, ce qui tient surtout à la difficulté de leur multiplication. Quelque rare, que que précieuse que soit une plante nouvellement introduite dans l'horticulture d'Europe, elle ne peut rester longtemps très-chère, du moment où sa multiplication est facile. Les *achiménès* et les *gloxinios*, par exemple, plantes de serre chaude comme les orchidées, fort chères au moment de leur introduction, sont presqu'aussitôt après descendues à des prix modérés qui les ont mises à la portée de tous les amateurs, parce que, soit du semis de leurs graines, soit de boutures faites avec des feuilles ou des fractions de feuilles, ces plantes se multiplient avec une extrême facilité. Les orchidées, tout au contraire, ne peuvent se multiplier de bouture ; elles ne portent presque jamais graine dans les serres d'Europe, et il est impossible, pour ainsi dire, de s'en procurer des graines de leur pays natal : les semences de toutes les orchidées d'ornement sont

aussi fines que la poussière la plus divisée; les vents
les emportent à mesure qu'elles arrivent à maturité.
Les rhizomes ou pseudo-bulbes, sortes de tubercules
charnus extérieurs formant la base de la plante, sont
leur seul moyen de multiplication dans nos cultures.
Tous les ans, quand la plante a fleuri, de jeunes rhizomes se forment, toujours en petit nombre, autour
des vieilles orchidées, comme les caïeux se groupent
autour des oignons de jacinthes et de tulipes; les rhizomes sont un genre d'oignon extérieur, propre aux
orchidées. Il en résulte que quand un horticulteur de
profession a reçu de l'un des voyageurs qui explorent
les parties incultes du globe, pour en découvrir les richesses botaniques, une orchidée nouvelle, tout à fait
inconnue dans les collections et que tous les amateurs
riches s'empressent de lui demander, cet horticulteur
ne peut suffire aux demandes et rentre très-lentement
dans ses avances, même en vendant fort cher. Du
reste, aux yeux de la classe d'amateurs qui achètent
des orchidées, la cherté est un mérite plutôt qu'un
défaut : la vanité s'en mêle ; on est flatté d'avoir des
plantes que tout le monde ne peut pas se procurer.

Il y a quelques années, M. Glendinning, l'un des
plus célèbres horticulteurs de la Grande-Bretagne,
fut visité par le duc de Devonshire, donnant le
bras à une de ses parentes, jeune lady pas-
sionnée pour les orchidées. M. Glendinning venait

d'obtenir la première floraison d'une *cattleya* tout à fait nouvelle, magnifique orchidée dont les fleurs ont l'ampleur et en partie la forme de l'iris-germanique de nos jardins, avec une admirable richesse de coloris et un parfum délicieux. La dame s'extasia sur la beauté de la plante, et le duc, tendant à M. Glendinning un élégant carnet bourré de *bank-notes*, lui dit avec un laconisme aristocratique : Votre prix? (*Your price?*) En vain M. Glendinning voulut-il faire observer que la plante n'était pas à vendre, qu'il n'en avait pas encore de multiplication, qu'il ne voulait s'en défaire à aucun prix; un valet avait déjà emporté la *cattleya* dans le carrosse du duc, qui répétait : *Your price?* et commençait à s'impatienter.

« Voyant qu'il était impossible de lui faire entendre raison, je pris, dit M. Glendinning, de qui nous tenons cette anecdote, une somme que je n'oserais avouer, et encore j'y perdais. »

Après avoir donné une idée de la valeur élevée des orchidées et des causes de cette valeur, nous dirons quelles sont les principales espèces d'orchidées et quels soins particuliers de culture ces belles plantes exigent pour croître et fleurir.

Les orchidées ont une manière de végéter qui n'appartient qu'à elles; le plus grand nombre émet ses tiges florales de haut en bas; les rhizomes croissent, soit sur des arbres dans l'écorce desquels s'implantent

leurs racines, soit dans des situations ombragées sur
des rochers dont l'escarpement permet aux tiges florales pendantes de se balancer dans l'air, qu'elles em-
baument de leurs parfums pénétrants. D'autres orchidées végètent dans le sol comme toute autre plante;
leurs tiges ne sont pas pendantes; elles sont redressées
et chargées de fleurs terminales que n'accompagnent
pas les feuilles. Celles-ci, parfaitement distinctes des
rhizomes qui leur donnent naissance, n'ont habituellement aucun point de contact avec les *hampes* ou tiges
florales. Les orchidées se rangent, d'après ce qui pré-
cède, en deux séries bien distinctes : 1° celle des *épi-*
phytes, comprenant toutes les orchidées qui vivent sur
d'autres végétaux ; 2° celle des *terrestres*, comprenant
toutes les orchidées qui vivent aux dépens de la terre.

Dans la première série, les plus remarquables appartiennent aux genres *Oncidium, Deudrobium, Stan-*
hopæa, Maxillaria, Brassia, Aerides, Epidendrum
et *Acinetum.*

La vanille (*epidendrum vanilla*) appartient à la série des orchidées épiphytes; ses tiges, qui souvent
s'élancent d'un arbre à l'autre, forment des *lianes*
inextricables dans les forêts du Nouveau-Monde, particulièrement au Mexique et dans les Guyanes.

Parmi les orchidées terrestres, les plus belles appartiennent aux genres *Cattleya, Lælia, Miltonia* et quelques autres.

L'un des horticulteurs anglais qui se sont occupés avec le plus de zèle et de succès de la culture des orchidées, M. Appleby, fait observer avec beaucoup de sens que pour bien réussir dans cette culture, la première chose à faire, c'est de se rendre compte exactement de la manière dont végètent les orchidées et des conditions de sol et de climat sous l'empire desquelles elle croissent dans leur pays natal. La température des contrées tropicales varie de vingt à quarante degrés centigrade; elle va souvent même au delà. C'est à une température semblable que sont soumises les orchidées qui croissent à l'état sauvage; les soins qu'on leur donne dans les serres d'Europe doivent avoir principalement pour but de leur faire trouver des conditions de végétation aussi semblables que possible à celles de leur pays natal.

Toutes les orchidées épiphytes et même une partie des orchidées terrestres vivent parfaitement sur l'écorce d'un morceau de bois qu'on suspend dans une serre chaude humide. Les rhizomes entourés de mousse sont fixés à la pièce de bois au moyen d'un fil de plomb; bientôt, sous l'empire de la chaleur humide, naissent les racines, qui tout d'abord s'insinuent dans toutes les gerçures de l'écorce et s'y cramponnent solidement. Les orchidées étant, dans leur pays natal, soumises deux fois par an à des alternatives régulières de sécheresse et d'humidité surabondante, réclament dans notre culture, de n'être arrosées que quand leur végétation commence à se mettre d'elle-même en mouvement; les plantes doivent alors être très-fréquemment et largement mouillées avec de l'eau amenée à la température de la serre. En outre, dans plusieurs rigoles découvertes, vous ferez cir-culer des courants continus d'eau tiède, de sorte que l'atmosphère de la serre soit saturée d'autant d'hu-midité que l'air en peut dissoudre. C'est alors que vous verrez se former rapidement les tiges florales dont les fleurs restent bien plus longtemps épanouies que celles de la plupart des autres végétaux d'ornement.

C'est là une particularité; nous en donnerons l'ex-plication.

Chez tous les végétaux *phanérogames*, c'est-à-dire chez tous ceux dont les organes reproducteurs sont visibles et parfaitement connus, la corolle qui con-stitue la fleur à proprement parler sert à abriter ces organes au moment où ils remplissent leurs délicates fonctions. Chez les orchidées, les organes reproducteurs en général, différant par leur dis-position de ceux des autres plantes, fonctionnent très-lentement. Tant que la fécondation n'est pas complète, la corolle persiste; du moment où elle est accomplie, la corolle tombe. C'est une loi générale qui ne s'applique pas seulement aux orchidées; chez plusieurs arbustes florifères, notamment chez les *azalées* et les *rhododendrons*, la durée de la floraison peut être prolongée de plusieurs jours par le retranchement des organes de la reproduction; il semble alors que la corolle attende que la fécondité s'accomplisse, pour tomber après cet acte important, but de la végétation; comme elle ne peut pas s'accomplir, la corolle persiste jusqu'à ce qu'enfin, de guerre lasse, la séve cessant de lui arriver, elle tombe, mais beaucoup plus tard qu'elle ne serait tombée si la fleur eût été laissée intacte. Tout le monde peut vérifier le fait en répétant l'expérience que nous indiquons, sur toute sorte de végétaux d'ornement. La lenteur extrême avec laquelle s'accomplit l'acte de la fécondation chez les orchidées explique donc suffisamment la durée de leur floraison, durée qui est pour l'amateur de ces belles plantes une compensation à la difficulté de les faire fleurir; car, même dans les serres les mieux tenues, les orchidées sont sous ce rapport extrêmement capricieuses.

Les orchidées terrestres se plantent ordinairement dans des corbeilles en fil de fer, qu'on remplit de terre de bruyère tourbeuse en fragments entremêlés de mousses et recouvertes de lycopode du Brésil; ces corbeilles se suspendent à la toiture vitrée de la serre; les plantes reçoivent par ce moyen de tous les côtés l'air chaud et humide, leur principal et leur plus nécessaire aliment. Quelques-unes, appartenant au genre

Aérides, peuvent être suspendues en l'air, sans être placées dans une corbeille, ni attachées à une pièce de bois. Quand vient le moment où elles se préparent à fleurir, elles émettent dans tous les sens des racines aériennes terminées par des mamelons verts qui absorbent et décomposent l'air ainsi que l'eau dont il est saturé ; cette nourriture suffit aux aérides ; c'est ce qu'exprime le nom que leur ont donné les botanistes. Du reste, la culture des orchidées épiphytes et des orchidées terrestres se ressemble en ce point que les unes et les autres veulent une chaleur sèche modérée pendant le repos de leur végétation, et une chaleur humide très-intense quand elles se préparent à fleurir.

Depuis quelques années, des graines fertiles ont été obtenues de plusieurs orchidées en Irlande et en Angleterre. Ces graines ont donné naissance à de jeunes plantes ; mais ce n'est encore qu'un demi-succès, fort intéressant au point de vue de la physiologie végétale, insignifiant jusqu'à présent, quant à la pratique de l'horticulture.

L'amateur assez riche pour se livrer à la culture d'une collection d'orchidées doit leur consacrer une serre à part, ou tout au moins, s'il n'a qu'une seule serre chaude, un compartiment isolé par une cloison vitrée, afin de pouvoir leur donner au besoin la chaleur et l'humidité qu'elles réclament, sans nuire aux

plantes de serre chaude qui ne sauraient supporter
une telle température.

De tous les soins de culture exigés par les orchidées, l'un des plus indispensables est celui d'ombra-
ger la serre en été, quand la chaleur du soleil vient
s'ajouter à la chaleur artificiellement produite à l'intérieur de la serre; on en comprendra la nécessité en
se rappelant que les orchidées croissent à l'ombre des
forêts tropicales, sous l'influence d'une chaleur étouf-
fée, sans être directement en contact avec les rayons
solaires. Le plaisir que prennent les riches amateurs à
cultiver les orchidées tient en partie aux difficultés
qu'il faut savoir vaincre pour les faire prospérer et
leur voir déployer le luxe de leur floraison. C'est toujours un grand plaisir de bien faire une chose difficile
quand on réussit.

Maintenant, un mot spécial sur le *Cattleya Mossiæ*.

On sait que le genre *Cattleya*, qui tire son nom
d'une dédicace faite par M. Lindley à William Cattley,
est un des plus brillants de la famille des orchidées.
Les espèces connues qui le composent ne sont pas
moins d'une trentaine aujourd'hui. Il appartient à la
tribu des Épidendrées dans la subdivision A, caracté-
risée par son labelle qui entoure la colonne, et par
son calice et sa corolle qui sont de même consistance.
Les pétales sont en outre presque rectilignes.

Les *Cattleya* sont en général des orchidées épi-

phytes originaires d'Amérique et munies de pseudo-
bulbes. Les feuilles sont solides ou naissent deux d'un
même point et sont d'une consistance coriace. Du
centre d'une grande spathe sortent de très-grandes
fleurs, dont les pétales dépassent ordinairement les
sépales en longueur; ceux-ci sont égaux entre eux,
étalés, membraneux et quelquefois charnus. Le labelle
a la forme d'un capuchon présentant trois lobes; dans
certaines espèces, il est indivis. La colonne est allongée
en forme de massue plus ou moins cylindrique et
forme une articulation avec le labelle. Enfin les cau-
dicules, au nombre de quatre, et *repliés* — c'est là un
caractère important — sont terminés chacun par une
masse pollinique.

S'il est une orchidée qui offre à la fois les avantages
de donner de magnifiques fleurs brillamment colorées
et exhalant un parfum des plus agréables, de se développer parfaitement dans les serres à l'aide d'une très-
facile culture et de se multiplier aussi aisément, c'est
sans contredit le *Cattleya Mossiæ*, dont le docteur
Hooker donne un des premiers une figure et une description dans le *Botanical magazine*.

Les amateurs d'orchidées s'étonneront sans doute
de nous voir choisir une des espèces les plus connues
et les plus répandues parmi les orchidées pour en entretenir nos lecteurs.

Nous ferons observer que nous voulons seulement attirer l'attention des horticulteurs, encore nombreux, qui n'ont pas osé jusqu'ici se hasarder dans la culture des orchidées, en faisant ressortir les grands avantages du *Cattleya Mossiæ*, afin de les décider peut-être à lui donner une place dans leurs serres d'appartement.

Le *Cattleya Mossiæ* est considéré par plusieurs auteurs comme une variété du *C. labiata*, créée par M. Lindley. Voici ses caractères spécifiques.

Les pseudo-bulbes sont fasciculés, assez volumineux, de forme oblongue et présentant à leur surface huit angles plus ou moins saillants, qui leur donnent une apparence d'octogone ; ils sont en outre couverts des restes desséchés des premières feuilles. Celles-ci sont lancéolées, planes, coriaces ; leurs nervures ne se découvrent qu'après un examen attentif.

Les fleurs, qui terminent des hampes assez courtes, sont solitaires ou géminées, et sortent d'une spathe foliacée à peu près égale en longueur aux feuilles. Ces fleurs mesurent en moyenne une largeur de 0^m.20 à 0^m.22. Les sépales sont lancéolés, aigus, ainsi que les pétales ; mais ceux-ci, qui sont larges et ondulés, se rapprochent davantage de la forme oblongue, tandis que ceux-là s'en éloignent en se rétrécissant et en affectant ainsi une forme linéaire. Le labelle est oboval, obtus, ondulé, crispé, crénelé sur ses bords, et lisse sur son disque. La coloration générale de la fleur est d'un rose brillant et plus ou moins teinté de lilas. Le labelle est marqué vers son centre d'une large tache d'un pourpre violacé sur un fond jaunâtre, présentant souvent des panachures pourpres.

Il existe une variété du *C. labiata* qui ne diffère du *Mossiæ* que par ses fleurs blanches, et son labelle, dont le centre est pourpre sur un fond lilas, c'est le *Cattleya labiata alba* décrit dans le *Flower Garden;* puis d'autres variétés très-remarquables encore, parmi lesquelles il faut signaler le *C. pallida*, Lindl., qui se distingue par ses feuilles ondulées et flasques, mais surtout par ses très-grandes fleurs d'un beau blanc, et son labelle à centre jaune sur un fond rose.

La culture du *Cattleya* est beaucoup moins difficile que la plupart des autres espèces très-frileuses de la même famille. Elle se contente de moins de chaleur et de moins d'humidité; cultivée en pot, la terre de bruyère ordinaire lui suffit.

Les quelques observations qui vont suivre sur le *Cypripedium caudatum* nous serviront pour terminer ces pages relatives à la famille du règne végétal qui offre le plus de beauté, mais aussi en même temps plus de bizarrerie dans sa végétation, et surtout dans la forme et le coloris de ses fleurs.

Chacun de nos lecteurs connaît les différentes espèces du genre *Ophrys*, assez communes dans nos environs, dont les fleurs ont une ressemblance frap=

pante avec différents insectes et auxquelles les botanistes ont donné, par ces raisons, les noms d'*Ophrys
aranifera*, *O. muscifera*, *O. apifera*, etc.

Nous ne possédons chez nous qu'un seul représen-
tant du genre *Cypripedium*, le *cypripedium calceolus*,
vulgairement appelé le *sabot de Vénus*; mais des espèces nombreuses de cette orchidée se trouvent dans
les pays tropicaux.

Elle a été trouvée par M. Hartwey dans le voisinage
de Quito, et plus tard dans la Nouvelle Grenade par
M. Linden, qui l'a introduite en Europe.

Cette plante atteint la hauteur de trente à quarante
centimètres. Les feuilles, glabres et un peu charnues,
sont réunies à la base de la tige; elles sont plus courtes
que la hampe florale qui porte deux à trois de ses
grandes fleurs. Ces fleurs sont surtout remarquables
par le développement prodigieux que prennent deux de
leurs pétales, qui peuvent atteindre l'énorme longueur
de soixante centimètres.

M. Lawrence a fait des observations très-curieuses
sur l'allongement rapide de ces pétales; nous repro-
duisons ici les chiffres qu'il a donnés.

	LONGUEUR
Dans une fleur fraîchement épanouie, les pétales mesuraient.	0,018
Durant le 2ᵉ jour ils s'allongèrent de.	0,093
— le 3ᵉ jour, de..	0,100
— le 4ᵉ jour, de..	0,112
— le 5ᵉ jour, de..	0,137

En quatre jours les pétales avaient poussé de quatre cent quarante deux millimètres ; ils atteignirent en tout quatre cent soixante-deux millimètres de longueur.

Les cypripedium se cultivent comme les orchidées terrestres, dans une terre de bruyère entremêlée de couches de mousse appelée sphagnum ; elles exigent la terre chaude et réussissent dans l'appartement.

§ 4 Les serres portatives. — Serre chaude à bouture, bouturage et boutures à marcottes.

Toutes les dispositions dont nous venons de donner le détail, sont pour les maisons riches, et, avant tout, la floriculture domestique réclame l'économie. C'est dans ce sens que le jardinage d'intérieur s'est le mieux perfectionné. L'art et l'industrie lui sont venus en aide, et ainsi ont été créées toutes ces multitudes de poteries diverses qui facilitent si bien ce jardinage domestique, tous ces appareils ingénieux dans leur simplicité et grâce auxquels vous pourrez obtenir chez vous des miracles de floriculture.

Ce que nous venons de dire dans les deux paragraphes précédents, est relatif à la serref roide et à l'orangerie aménagée dans l'appartement ; c'est presque de la grande culture, et il y faut un jardinier expérimenté et spécialement occupé; mais, maintenant, nous allons ébaucher le jardinage opéré dans l'ensemble de la vie familière, manipulé aux heures de loisir et employé comme ornement naturel de nos appartements et comme distraction instructive de la vie de famille, de salon ou de travail. Ce jardinage est un peu restreint; on a voulu en agrandir le cadre, et de la chambre habitée elle-même, faire un jardin et y organiser la culture d'orangerie ou la serre tempérée, et, au besoin, la culture même de serre chaude.

Nous allons parler d'abord de la serre chaude portative qui sert à faire les boutures, en faisant précéder sa description de quelques mots relatifs aux serres portatives en général.

La serre portative est une réduction de la serre accommodée à la personnalité de l'horticulteur et mise à sa portée de manière qu'il puisse l'utiliser où et comme il lui plaît.

Dans les salons, dans les chambres, dans les cabinets de travail, une serre portative est toujours à sa place. C'est tout simplement une verrine, une cloche de verre à grandes dimensions, à compartiments tournant sur charnière et enchâssés dans du plomb à peu près comme les vitres des croisées au moyen âge. Quand elle est pourvue d'un appareil de chauffage, c'est la

4

serre tempérée ou la serre chaude; quand elle n'en est point pourvue, c'est la serre froide. Parlons d'abord de la serre chaude.

§ 5. — Serre chaude à bouture.

Si vous voulez être un horticulteur émérite, créer vous-même vos jeunes élèves et renouveler, sans le secours de personne, votre petit jardin, il vous faut avoir recours à la *serre chaude*, à *bouture*, *portative*.

Cet appareil se compose d'un vase hémisphérique, il est porté sur un piédestal, au sommet duquel on place une lampe destinée à chauffer la terre que contient le vase et où sont plongés de petits pots destinés aux semis et aux boutures. L'appareil est recouvert d'une cloche chargée de concentrer la chaleur.

Au moyen de cette serre chaude portative, vous pouvez semer, bouturer et opérer chez vous absolument tous les travaux des floriculteurs; vos semis réussiront très-bien; vos boutures auront un plein succès, et, au sortir de la terre, vous n'aurez qu'à les disposer dans votre appartement ou sur votre terrasse, si elle est organisée pour la floriculture. Vous pourrez no-

tamment planter dans cette serre les résédas, les violettes, les plantes naines. Quant au réséda, ne les laissez
pas s'épuiser en une inutile profusion de graines, il
fleurira toute l'année, tout l'hiver, et, quand toutes les
autres fleurs auront passé, vous aurez votre réséda.
Seulement il faudra le tenir à l'intérieur.

Quelques instructions sommaires sur le bouturage
trouvent ici leur place naturelle.

Chez les végétaux, pour obtenir la reproduction, il
suffit qu'une partie du végétal soit séparée de la plante
complète et placée dans des conditions favorables.
Ainsi, pour multiplier les plantes qui ne produisent
pas de graines, il suffit de repiquer dans de très-petits
pots des branches coupées net au-dessous d'un œil.
La plante ainsi repiquée deviendra une plante complète
et sera, à son tour, capable de se reproduire elle-même.
Pour apprécier toute la valeur de ce mode de propagation, il suffit de songer que le plus grand nombre
des belles plantes étrangères que l'on cultive dans les
serres en Europe, croissent, fleurissent et quelquefois
même émettent des fruits, mais presque toujours ne
donnent que des graines stériles. Pour les multiplier
de semis, on peut à la vérité se fournir dans leur pays
originaire des graines de la plupart de ces plantes,
mais il peut aussi survenir que, dans le trajet, la propriété germinative de ces plantes se soit perdue, en
sorte que, si on les sème quand elles sont arrivées, elles

ne lèvent pas. Le bouturage permet d'obvier à cet inconvénient, et c'est ainsi que ces plantes se conservent dans les collections, ne sont point rares dans le commerce horticole, s'y vendent à des prix râisonnables et peuvent devenir la propriété de tous les amateurs qui, sans le bouturage, seraient obligés de s'en priver.

Les conditions essentielles d'une réussite certaine sont de repiquer les plantes que l'on veut bouturer dans de la terre de bruyère mêlée de terreau, de les priver d'air en les abritant sous cloche et de les arroser de manière que la terre soit toujours fraîche. Vous prenez un rameau muni d'un ou plusieurs yeux bien constitués; vous le coupez net avec une lame bien affilée; vous enfoncez l'extrémité inférieure de la bouture dans un pot rempli de terre de bruyère et vous placez le pot à l'intérieur de la serre d'appartement. Pour que la bouture s'enracine, vous la laisserez là vivre de sa propre énergie vitale jusqu'au moment où les racines tendres et jeunes et récemment formées puiseront leur nourriture dans le sol.

Quand le tissu de la plante est mou, qu'elle contient beaucoup d'eau, et que le rameau détaché pour servir de bouture reste exposé à l'air libre, la bouture ne s'enracine pas; elle se dessèche trop rapidement, l'opération est à recommencer.

Quand, par l'exclusion de l'air extérieur, on ralentit

l'évaporation, tout en maintenant la partie intérieure de la bouture dans un milieu constamment humide qui la sollicite à s'enraciner, l'opération réussit et la bouture est en plein succès. Vous pourrez juger, au reste, par vous-même, que les boutures se sont enracinées s'il y a reprise immédiate de la végétation et si le rameau bouturé émet de jeunes pousses ; vous les repiquerez alors dans des pots un peu plus grands où ils continueront à croître ; plus tard, par un second rempotage, vous les transplanterez définitivement dans les pots où les jeunes plantes toutes formées doivent fleurir.

Les marcottes sont des espèces de boutures que l'on détache de la plante lorsqu'elles sont enracinées.

Pour faire des marcottes, on prend une branche souple que l'on couche en pot ou en pleine terre en ayant soin de faire sortir de terre l'extrémité de la branche sans la rompre.

Pour faciliter le développement des racines, on fend en remontant la branche couchée en terre à la naissance de la partie courbée, de manière qu'elle se trouve divisée par la moitié.

C'est ainsi que l'on fait dans le courant du mois de juillet les marcottes d'œillet, etc.

4.

§ 6. Jardinières d'appartement.

Les fleurs sont comme les enfants; pour les bien élever, il faut avoir de l'expérience, de l'affection et des soins constants. Il se peut que vous aimiez les fleurs, mais que vous n'ayez ni le temps ni la volonté de les élever. Dans ce cas, vous pouvez encore facilement satisfaire vos goûts : vous aurez des fleurs, puis des fleurs et toujours des fleurs, fraîches et épanouies, et tant que votre jardinière en pourra contenir, jusqu'à déborder; il ne vous en coûtera qu'une légère rétribution mensuelle, c'est-à-dire qu'il faut que vous preniez, avec un jardinier de profession, un abonnement dont le prix, quand on sait où frapper, n'a rien d'exagéré. Pendant toute l'année, il garnira votre jardinière de fleurs de la saison, de plantes en bonne santé, qu'il remplacera à mesure qu'elles se flétriront ou que le temps sera passé. Ces fleurs ne vous coûteront ni soins ni soucis, c'est à peine si vous aurez à vous occuper de les arroser et de les abriter de la poussière. Il est vrai que vous n'aurez pas eu le plaisir de les cultiver, de les soigner, de les élever, de les voir venir; et c'est là le but du véritable horticulteur, qui veut des fleurs qui soient son ouvrage.

Mais je suppose que vous aimez assez les fleurs pour vouloir lèur consacrer les soins qu'elles réclament.

Dans ce cas vous vous intéresserez spécialement aux jardinières d'appartement.

De toutes les merveilles charmantes que l'industrie a imaginées pour la culture familière des fleurs, le chef-d'œuvre se résume dans la jardinière d'appartement.

Cette jardinière est un des plus jolis meubles qui puissent décorer un appartement. Elle est plus ou moins riche, plus ou moins ornée selon le degré d'élégance ou de simplicité que comporte l'ameublement avec lequel elle doit être en harmonie.

La jardinière, c'est là son mérite, est un véritable jardin en miniature, où l'on peut cultiver entièrement des plantes, c'est-à-dire les planter, les voir prendre leur développement, et, par les semis, les greffes et les boutures, fournir à leur propre remplacement lorsqu'elles ont fini de vivre.

Pour remplir l'intérieur de la jardinière, on place, au centre, un beau Camellia. Choisissez un pied qui ne soit pas trop élevé, qui ne tende pas trop à monter, surtout si, autour de la jardinière, vous avez réservé un treillage sur lequel vous voulez palisser les plantes grimpantes. La collection des Camellias renferme au

moins six cents espèces à fleurs très-distinctes. Vous
voyez qu'il y a du choix et que vous pouvez disposer
des couleurs à votre goût. Si vous aimez le blanc,
choisissez un *alba flore plena*, un *fimbriatæ* ou un
ochroleuca. Si vous préférez le rose, choisissez un
type *marquise d'Exeter* ou bien un *dunkedarii*. Voilà
pour le Camellia et pour le centre de la jardinière.
Vous remplissez le reste avec quelques jolis pieds de
bruyère du cap d'Éricas, en choisissant les variétés de
dimensions moyennes; des piméléas, alternant les
couleurs et les nuances, les uns à fleur rose redressées, les autres à fleur blanche retombante. Dans les
intervalles, glissez des petits pots de plantes grasses
naines, et ne manquez pas de réserver, aux coins,
des places pour des résédas que vous pourrez cultiver
en arbres.

Ainsi ornée et dirigée, la jardinière d'appartement
sera pour vous une source continuelle de délassements
agréables. Il y a toujours à travailler autour des
plantes; la satisfaction de prévenir tous leurs besoins
et de pourvoir à l'aération, à l'arrosement, vous vau-
dra le plaisir de les voir fleurir tour à tour. De vos
soins plus ou moins délicats proviendra leur épa-
nouissement plus ou moins complet, et leur santé
plus ou moins robuste, et vos succès auront cent fois
plus de prix que si votre opulente jardinière était
garnie sans votre intervention des plantes les plus

belles du monde, mais fournies à tant par mois par le jardinier en vogue.

J'ai mentionné pour culture de la jardinière d'appartement : 1° les plantes grimpantes, 2° les Camellias, 3° les résédas en arbre. Je vais détailler successivement les particularités de la culture des plantes spécialement destinées à la jardinière.

Vous avez votre jardinière, elle est spacieuse, où la placez-vous? Exposée au jour, mais habituellement adossée au mur. C'est bien, dans ce cas, vous pouvez la garnir d'un treillage en éventail. C'est sur ce treillage que vous pourrez établir vos plantes grimpantes. Comme fond de garniture vous choisirez des plantes qui fleurissent par le haut, particulièrement l'*œillet des bois*, le *mandevillea*, la passiflore. La passiflore, ou fleur de la passion, est une fleur très-commune ainsi que l'œillet des bois, mais le *mandevillea suaveolens* est très-rare. La passiflore, si large et si haut que soit le treillage, en couvrira promptement la plus grande partie. Vous pourrez disposer les œillets dans la jardinière, en arrangeant les tuteurs en éventail ; mais il vaut mieux les réserver pour le treillage du fond.

Afin que le treillage du bas soit orné de fleurs comme par le haut, vous y planterez, à chaque bout de la jardinière des *thumbergia alata*. Cette plante s'accroche à tout ce qu'elle rencontre à sa portée ;

elle se couvre de charmantes fleurs d'un jaune nankin, rehaussé, au milieu, d'une tache noire d'un très-bel. effet. Ces plantes, — la passiflore, le mandevillea, la thumbergia, — se trouvent chez tous les marchands floriculteurs; leur prix est minime. Tâchez de ne les point acheter en pleine floraison; choisissez-les tout au plus en boutons, pour que vous ayez le plaisir de les faire fleurir vous-même dans l'appartement que vous habitez, et où elles viendront à merveille si vous leur donnez les soins nécessaires.

Au bas du treillage, au centre, vous mettrez une violette double grimpante.

Voici la méthode pour obtenir cette espèce de violette :

Tous les ans, la violette double émet des coulants analogues à ceux du fraisier : prenez ces coulants, disposez-les de manière qu'ils puissent s'attacher au bas du treillage. Vous supprimerez les autres coulants. Ainsi arrangés, les coulants conservés se terminent par des touffes qui se mettent à fleurir abondamment. Après la floraison, il en sort d'autres coulants que vous palissez comme les premiers sur les treillages, en les étalant pour qu'ils n'envahissent pas l'espace réservé aux autres plantes grimpantes. Si vous avez la patience de continuer ces soins d'horticulture, vous arriverez en quelques années à rendre ligneux les coulants déjà habitués à être relevés et

palissés. Vous avez forcé la nature, vous avez été pa-
tient, mais aussi comme vous êtes récompensé! Tous
les ans, de la fin de l'hiver au milieu du printemps,
votre violette double grimpante vous fournira presque
constamment dans votre appartement, sur votre jardinière, des fleurs doubles qui ne vous coûteront que
le plaisir de les cueillir.

Voilà comment se cultive la violette double grimpante. Ce n'est pas difficile; vous la trouverez ainsi
cultivée dans tout le nord de la France, en Allemagne, en Belgique et en Angleterre.

C'est par une semblable culture que l'on obtient le
réséda en arbre.

Le réséda est naturellement une plante herbacée.
C'est en cet état qu'il faut l'acheter, en pot tout simplement. Dans ce pot vous trouverez une touffe de
réséda obtenue de semis et formée de plusieurs plantes. Vous les arrachez toutes; vous n'en réservez
qu'une, bien plantée au centre du pot et que vous
taillez rustiquement, n'y laissant qu'une pousse que
vous attachez à un tuteur. Quand cette pousse aura
donné son épi de boutons en fleurs, vous la rognerez
au-dessous du dernier bouton inférieur. Par suite de
ce pincement, la tige émettra une multitude de jeunes
pousses que vous pouvez laisser se développer à l'aise.
Quand elles auront atteint un décimètre de long environ, vous choisirez de six à huit de ces touffes bien

également espacées. Avec un bout de baleine ou une baguette bien mince d'osier, vous formez un cercle et vous y rattachez tout autour les pousses de réséda. Les pousses ainsi disposées continuent à se prolonger en haut et se préparent à fleurir. Vous formez tout autour un second petit cercle semblable au premier; puis, lorsque les tiges ont fleuri, vous supprimez les fleurs sans laisser aux capsules, renfermant la graine, le temps de se former; sans cette précaution la plante peut périr. Bientôt au-dessus de l'épi de fleurs supprimé naissent de nouvelles pousses, parmi lesquelles vous choisissez celle qui vous paraîtra la mieux disposée pour servir de branche de remplacement. Cependant, peu à peu, par degrés, la tige principale devient ligneuse, le bas des branches se solidifie, et, de la plante herbacée que vous avez achetée, il ne reste plus à l'état d'herbe que les extrémités supérieures qui, sans interruption, fleurissent toute l'année. Votre réséda est un arbre, un arbre qui peut durer de douze à quinze ans si vous le soignez avec intelligence, et de vingt à trente ans si vous avez le génie de l'horticulture.

En France, la culture du réséda en arbre n'est pas connue. Dans le Nord elle commence à se répandre. En Hollande on la réussit parfaitement; on y achète même des résédas en arbre tout formés, plante factice, qui fait absolument défaut sur les marchés parisiens.

Pour cultiver le Camellia dans la *jardinière*, ayez soin, quand vous achetez votre Camellia, de le choisir chargé de boutons ayant atteint environ la moitié de leur volume. Il arrive parfois que les boutons sont très-nombreux et qu'il y en a, près les uns des autres, deux ou trois en paquet. Dans ce cas, il faut qu'une partie soit supprimée. Vous détachez ceux qui sont de trop avec beaucoup de précaution ; je dis beaucoup de précaution, parce que le pédoncule, très-court, qui l'attache à la branche est précisément, dans le Camellia, la partie la plus délicate du bouton à fleur, celle qui se détache brusquement ; tous les boutons tombent alors l'un après l'autre, et l'on n'obtient pas une seule fleur. Pour parer à cet inconvénient, munissez-vous d'une lame de canif ; coupez horizontalement les boutons destinés à être supprimés ; évitez les secousses, et surtout ne touchez pas au pédoncule. Bien ! vous avez réussi. Il ne reste des boutons que la moitié inférieure, qui tombe d'elle-même sans entraîner la perte des boutons entiers, qui, dès lors, et pas plus tard qu'un ou deux mois, émettent une magnifique floraison.

Une recommandation importante dans la culture du Camellia, c'est de ne pas les arroser avec de l'eau trop froide. De temps en temps, et si toutefois leur végétation ne vous semble pas assez vigoureuse, fumez-les avec un peu d'eau de vaisselle ; lavez et essuyez les feuilles, à l'endroit, à l'envers, et votre

Camellia deviendra aussi beau dans votre jardinière que si vous le cultiviez en terre.

La jardinière pour la culture des plantes bulbeuses dans les appartements est simple et modeste : On lui donne pour base une corbeille en zinc ou en fer-blanc ; on se procure ensuite des morceaux de tuf poreux ; on en creuse l'intérieur, ce qui est facile, jusqu'à ce qu'il présente les dimensions convenables. Lorsque les morceaux de tuf sont bien fouillés, on y place les oignons, entourés de mousse, et l'on arrose. Pour donner à tout cela un aspect agreste, on y peut joindre quelques plantes de vieille muraille.

La jardinière peut devenir facilement une serre d'appartement. Il suffit pour cela d'y faire adapter un couvercle à vitrine mobile. Les serres de ce genre peuvent, ainsi que les jardinières, recevoir toute espèce d'ornement extérieur. Sauf les dimensions et l'ornementation plus ou moins élégante, ce n'est, comme nous venons de l'indiquer, qu'une grande vitrine dont les vitrages, contenus par une mince charpente de fer, sont assemblés au moyen d'une bande de plomb. Plusieurs des compartiments supérieurs s'ouvrent à charnières, soit pour laisser pénétrer l'air à l'intérieur de la serre, soit pour pouvoir cultiver et soigner les plantes qu'elle abrite.

L'utilité principale de cette serre portative consiste, à propos de jardinage de salon, en cet avantage, qu'il

ne tient qu'au possesseur de ce petit appareil de multiplier indéfiniment les plantes d'ornement les plus
recherchées. Après avoir réservé pour soi-même les
plantes que réclame l'entretien de la collection que
l'on prépare, il en reste pour approvisionner les amis
et faire avec eux des échanges. Il y a aussi la différence
que la jardinière est plutôt un ensemble de pots de
fleurs qu'un jardin; tandis que la serre est elle-même
un petit jardin où l'on opère en miniature tout le
jardinage. On remplit d'abord la jardinière, destinée à
tenir lieu de serre, d'une bonne terre de bruyère mêlée de sable, et là on opère à l'aise la multiplication.
Semis, boutures, greffes, tout cela s'y fait, et avec
succès.

La jardinière peut servir encore à la culture familière des plantes grasses naines, dont nous allons nous
occuper.

§ 7. — Les plantes grasses naines.

Qui pourrait ne point aimer les plantes grasses
naines? On les rencontre en tous lieux, et partout
leur présence est bien accueillie. La variété de leurs

formes, leur verdure perpétuelle et les nuances vives
de leurs jolies petites fleurs justifient amplement la faveur qu'elles ont su conquérir. Les personnes séden-
taires, celles surtout que leurs affaires ou leur goût,
grâce à ces plantes, retiennent au logis, leur ont voué
tous leurs soins, car elles peuvent, non seulement sur
la fenêtre, mais dans l'appartement, s'improviser un
jardin en miniature, où les fleurs ne manqueront ni
pendant la belle saison ni au printemps, ni à l'automne, ni pendant les plus mauvais jours, ni pendant
les plus rudes hivers.

Les Chinois, qui semblent nous devancer en tout,
mais qui, en somme, n'ont pu émettre que de grotes-
ques primeurs, ont aussi introduit dans leur vie familière des plantes en miniature de leur façon. Ils
se sont évertués à tourmenter les arbres, qui, avortés
par leurs manipulations, sont devenus les ornements
de leurs pagodes, de leurs boutiques et de leurs appartements. Ils ont une grande prédilection pour les
arbres nains. Leurs arbres fruitiers, les arbres de
leurs forêts, leurs bambous, sont appauvris, saignés,
rabougris, déjetés par leurs soins ; puis, lorsqu'ils
les ont rendus bien chétifs, bien tordus, bien mons-
trueux, ils les font colporter dans les rues et les
vendent à des prix fous. Pour obtenir de pareils avor-
tons, ils s'y prennent avec une rare cruauté ; ils
choisissent dans les arbres en fleurs les branches qui,

par leur conformité naturelle, présentent les contours les plus fantasques et les plus difformes, et ils pèlent l'écorce en forme d'anneau sur une longueur d'un pouce environ. Sur cette plaie ils appliquent de la terre végétale et la maintiennent avec de la paille et des brins de rotin, en ayant soin d'arroser cette motte de temps en temps, sans jamais la laisser sécher complétement. Bientôt les racines poussent, et les fruits annoncent une prochaine maturité. On coupe alors la branche entière, on taille les rameaux trop longs, et l'on place le petit arbre dans un pot.

Pour imiter les arbres des forêts, on répète l'opération que je viens de dire, puis, quand les branches ont pris racine, on les place dans des pots carrés et peu profonds, où les racines sont tassées dans la terre glaise ; on ne donne même aux racines des cyprès et des arbres dès pagodes que de petits cailloux. Bref, tout est combiné pour qu'ils n'aient qu'une nourriture chétive. On les taille ensuite, et la séve est refoulée par des brûlures. Pour imiter les lichens, les loupes, l'écorce raboteuse, on incise par places à coups de canif, et on entretient ces blessurès factices avec des sirops et du miel, où les fourmis viennent rassasier leur voracité aux dépens de l'arbre martyr.

C'est ainsi que les Chinois obtiennent des arbres rachitiques et nains, à fruits arides et à feuilles rares et petites. Ces plantes invalides, entre les mains d'un jardinier qui sait calculer leur torture, peuvent atteindre jusqu'à cinquante ans.

En France, nous avons voulu aussi avoir nos plantes naines, mais, loin d'infliger la monstruosité et la souffrance aux plantes dont nous ornons nos maisons, nous leur créons les meilleures chances de végétation. Nous avons observé les espèces à qui la nature a réservé le plus de charmes joints à de petites proportions, et parmi ces espèces nous avons choisi les plantes auxquelles la culture en miniature est la plus favorable. Ces plantes appartiennent principalement aux genres *Crassula*, *Stapelia*, *Cactus*, *Opuntia*, *Mesembrianthemum*, aux *Melocactus*, aux *Echinocactus*, à quelques *Sedum* et *Agaves*. Notez surtout le *Mesembrianthemum cordifolium*, dont les fleurs roses axillaires s'épanouissent par profusions splendides.

Toutes ces plantes sont naines, ou sont des miniatures de genres qui, dans leur culture rétrécie, conservent leurs caractères parfaitement distincts, le coloris de leurs fleurs et leur développement entier. Les appartements habités sont très-favorables à ces plantes ; elles y vivent, elles y fleurissent, s'assimilent l'air qui les entoure, n'empruntent rien à la terre où elles sont plantées, ne demandent que de rares arrosements quand elles sont en fleurs, et sont aussi durables que jolies et peu exigeantes. On les plante dans des pots de terre rouge, dont les plu volumineux ne dépassent pas la dimension d'un verre ordinaire à boire, et dont les types inférieurs ne sont pas plus grands qu'un dé à *coudre*. On range ces pots en cercles concentriques dans des corbeilles de fil de fer doré, argenté ou bronzé, ou bien on les assortit sur des étagères, et l'on se forme ainsi une bibliothèque florale où l'on peut, à la loupe, étudier la botanique microscopique.

Pour obtenir de ces petites plantes toute la somme de jouissances ou de bénéfices qu'on en peut attendre, il faut connaître la manière d'ailleurs excessivement simple de les bien gouverner.

Dans leur pays surtout, les plantes grasses supportent alternativement des sécheresses de plusieurs mois, sans interruption, et des pluies torrentielles non moins prolongées ; elles croissent dans des crevasses de rochers, où leurs racines trouvent à peine assez de terre pour s'établir à l'étroit. Elles puisent toute leur subsistance dans l'air, dont elles décomposent tous les éléments à l'aide de leurs feuilles épaisses et charnues, quand elles ont des feuilles ou de ces tiges aux formes bizarres, qui, lorsqu'elles sont dépourvues de feuilles en remplissent les fonctions. C'est pourquoi les jardiniers disent qu'une plante grasse ne meurt jamais de faim ni de soif. Il y a des exemples de fleurs de ce genre oubliées dans une armoire qui, remises ensuite à l'air libre et arrosées modérément en été, ont re-

commencé à pousser et à fleurir. C'est en les boutu-
rant dans des pots remplis d'une très-petite quantité
de bruyère sableuse, très-maigre, et leur ménageant
les arrosements avec parcimonie, que les plantes
grasses sont rendues naines artificiellement. Il en est
de même de celles que l'on multiplie du semis de leurs
graines, quand on peut obtenir des graines fertiles.
Elles ne sont naines que tant qu'on les tient soumises
au même régime; transplantées dans de plus grands
pots avec de meilleure terre et plus fréquemment arrosées, elles cessent d'être naines, sans toutefois reprendre les dimensions propres à leur espèce.

Les plantes grasses naines, comme toutes les plantes
grasses cultivées en Europe, éprouvent, de même que
dans leur pays natal, deux périodes annuelles, l'une
de repos absolu, l'autre de végétation active. Tant
que les plantes grasses naines restent stationnaires
et ne donnent aucun signe de croissance ou de disposition à fleurir, il ne faut les arroser d'abord qu'une
fois la semaine, puis, pendant le repos complet de
la végétation, une fois seulement tous les quinze
jours. La dose de l'arrosage est d'une cuillerée à
café pour les pots les plus petits et d'une cuillerée à
bouche pour les plus grands. L'eau doit être non pas
froide, mais à la température du local occupé par les
plantes. Ces plantes craignent plus un excès de chaleur qu'un abaissement de température approchant

de zéro, quand elles sont plongées dans leur sommeil végétal.

Dès qu'on les voit se disposer à croître et à fleurir, on les arrose plus fréquemment, mais toujours dans les mêmes proportions. Pendant la floraison elles doivent être arrosées tous les deux jours. C'est vers la fin du printemps qu'on multiplie le plus aisément les plantes grasses naines. A cet effet, on en détache un fragment qu'il faut se garder de planter immédiatement. Les boutures ne s'enracineraient pas. On laisse préalablement ces boutures passer un jour ou deux posées à plat sur une tablette; à l'air libre, la coupure se dessèche et se cicatrise; alors seulement on plante les boutures dans un petit pot, et l'on pose pardessus un verre à boire renversé; on arrose une ou deux fois par semaine; le verre est replacé après chaque arrosage. Il remplit très-bien les fonctions d'une cloche à boutures. Il n'est enlevé définitivement que quand la bouture commence à grandir, preuve qu'elle a pris racine. Supposez qu'on possède seulement cinq plantes grasses naines des plus jolies espèces; si l'on fait seulement de chaque plante deux ou trois boutures qui réussissent, on peut, en les distribuant à d'autres amateurs, compléter sa collection par des échanges avec autant d'agrément que d'économie. Enfin, il faut recommander aux horticulteurs non expérimentés de ne pas enfermer ces

plantes dans un air impur ni dans un appartement
où l'on fume.

§ 8. — Culture des fougères dans l'appartement , Serre d'appartement.

Les globes démesurés pour la culture des plantes
dans les appartements sont chers; les appareils à vitres
enchâssées le sont davantage; il est donc intéressant
d'indiquer aux personnes qui ne veulent pas gaspiller
eur argent à une caisse de verre coûteuse, un moyen
de construire elles-mêmes un appareil pour la culture
des plantes d'appartement.

Parlons d'abord de la terre pour fougères.

On se procure cinq morceaux de verre pour les
parois et le sommet de la caisse; on attache ces morceaux de verre le long des bords de la caisse avec un
morceau de galon écarlate; un ruban de soie produit
le même effet; la couleur écarlate est destinée à con-
traster avec le vert des fougères. Il n'est pas nécessaire de coller les rubans. Les femmes comprendront
sans peine comment il faut s'y prendre pour tout cet
arrangement. On place le ruban sur le bord du verre,
on le tend fortement et on le coud aux coins. Chaque

carreau ainsi enchâssé est relié aux autres à l'aide du
galon. On met le dessus de la même façon. Si les cou-
pures sont bien faites, la caisse sera très-solide, et il
ne faut pas plus d'une demi-heure pour achever une
caisse d'une dimension ordinaire et capable de contenir six fougères petites, les mêmes que l'on se procure en Angleterre au prix de 1 fr. 10 c., sans parler
du plateau.

On n'a encore rien imaginé en France qui ressemble
à cela. Maintenant voici comment on opère pour la
culture propre à ces caisses. On plante les fougères
parmi des fragments de roche, sur un plateau en bois
ou en zinc; on arrose et on couvre avec la caisse; la
combinaison que nous avons indiquée est suffisante
pour qu'il entre juste l'air nécessaire à l'entretien des
plantes, sans qu'il soit nécessaire de découvrir le dessus, comme on fait d'ordinaire. Les rochers se font en
corail, coquillages, quartz et pierres, cimentés avec
du plâtre et posés sur un fond de zinc. Les parties de
ce fond de zinc qu'on laisse à découvert de rochers
sont cachées sous un tapis de mousse, et l'on plante
les fougères parmi les fragments de roches. Les plantes
sont placées dans un compost de tourbe sablonneuse,
de tourbe fibreuse, de terre franche enherbée et de
feuilles pourries. On arrose et l'on couvre de la caisse
que j'ai décrite plus haut. Les plantes ainsi disposées
et traitées réussissent fort bien. Si l'on a soin de re-

nouveler l'eau souvent ainsi que l'air ambiant, et de
placer la caisse au soleil, quand il n'est pas trop fort,
en peu de temps elles s'épanouissent, couvrent les rochers factices de leur feuillage gracieux et toujours
vert, et forment, pour l'œil ravi, un petit tableau de
nature agreste dont on peut se dire le créateur.

§ 9. — La jardinière suspendue.

En utilisant les originalités de chaque plante, on
peut varier à l'infini l'horticulture domestique.

Rien n'est plus facile que de profiter de la disposition des plantes bulbeuses à entrer en végétation en
hiver, pourvu qu'on leur dispense abondamment la
chaleur et l'humidité. On suspend comme un lustre
un vase rempli de terreau et percé de trous. Vis-à-vis
de chacun de ces trous, à l'intérieur du vase, dans le
terreau, on sème des bulbes de Crocus, des Orchidées,
des Narcisses-jonquilles, des Jacinthes et des Tulipes
Duc de Tholl. Bientôt elles jaillissent en dehors en
fleurs variées masquant le vase qui suspend au plafond un bouquet vivant.

Il existe plusieurs modèles de vases destinés à être
suspendus ; ces vases ou paniers sont spécialement ap-

propriés à diverses espèces d'orchidées; il y en a en terre cuite, d'autres en fil de fer. On en construit de toutes manières : on remplit le panier de terre de bruyère tourbeuse, mélangée de mousse à demi décomposée et de débris de diverses plantes, telles que des Vaccinums, des Andromèdes et des *Circa*. Il convient aux *Stanhopœa gorgora, Sobralia, Ponera* et autres du même genre. Un autre panier, qui n'est pas moins élégant, peut se former d'une moitié de noix de coco remplie du même compost; il est surtout utile pour les genres *Deudrobium, Maxillaria, Sophronisti cælogyne.* On doit percer de trous la partie inférieure. On peut former d'autres paniers avec des coquillages, ils conviennent aux orchidées de petite dimension; on peut recouvrir la surface de ces vases ou paniers de *Lycopodium denticulatum,* qui forme une garniture de verdure.

Si on plante dans ces vases un jeune pied d'Ananas, on pourra en suivre la croissance; il ne faut pour cela que de la patience et de l'eau. La première année, la plante donne des feuilles; la seconde des fleurs; la troisième on obtient un fruit. Si l'on veut rendre mangeable ce fruit qui ne vaut rien, il faut, pendant les trois derniers mois, le mettre dans la serre chaude; le fruit, rudimentaire, en sort mûr et bon à manger.

Parmi les plantes que l'on peut faire pousser chez

soi, il en est peu qui réussissent mieux que celles du
genre bulbeux, et, parmi celles-ci, les Crocus et les Jacinthes sont celles qui s'accommodent le mieux de l'air
vicié des appartements. On les plante dans des pots
remplis d'un mélange de terre de jardin et de terreau,
et l'on choisit les variétés à fleurs oranges, violettes et
fond blanc rayées de violet. Une autre méthode consiste à planter les oignons à fleurs dans de la mousse
épluchée avec soin, puis coupée très-fin et entretenue
dans une humidité constante. La mousse fait ici l'office d'éponge et les oignons poussent dans l'eau. Pour
obtenir ce résultat, on se procure ou l'on fait soi-
même une corbeille en fil de fer, mise d'abord à l'abri
de l'oxydation par un étamage ou par une couche de
peinture à l'huile. Lorsque le temps de planter les oignons à fleur est venu, on remplit la corbeille en la
tassant avec soin, jusqu'à ce qu'elle soit arrivée à la
hauteur où l'on veut placer les oignons. Ils doivent
être placés sur le côté, la racine en dedans. Lorsqu'ils
pousseront, ils reprendront par une courbe gracieuse
la position verticale. Lorsqu'ils auront atteint le fil de
fer recourbé, on les y attachera avec une liane; malgré ce point d'attache, la plante se balance au moindre
mouvement. L'effet au moment de la floraison, qui
dure fort longtemps — les douze plantes de couleurs
variées ne fleurissant pas aux mêmes époques — est
magnifique.

Une observation importante, c'est que l'anneau du haut doit tourner facilement afin que toujours une plante nouvelle puisse venir se placer au grand jour.

On peut, dans les jardinières suspendues, profiter d'une combinaison dont nous avons déjà parlé en traitant des appareils pour la culture des fougères dans les appartements. Cette fois il s'agit plus spécialement de la culture des plantes bulbeuses, et il suffit d'appliquer les conseils que nous avons donnés à propos de la construction de la petite jardinière couverte en verre. Seulement, comme cette fois la jardinière peut être suspendue, l'horticulteur pourra à son gré se passer ou se servir de vitrine.

L'horticulture des vases à fleurs suspendus convient parfaitement à l'ornementation des appartements, des arcades de verdure, des serres-fenêtres. En donnant à cette garniture la forme gracieuse d'une arcade, au moyen d'un simple cerceau cloué aux deux montants de la fenêtre, il devient très-facile de placer ces vases aériens, dont l'effet est toujours charmant. On en trouve de toutes les formes, répondant à tous les buts, chez tous les marchands de vases de terre cuite. Dans les plus simples, qui sont loin de manquer d'élégance, on renferme un pot à fleur ordinaire, on y plante des végétaux d'ornement, les uns à tige droite, tels que les Pétunias ou les Géraniums à fleurs rouges, les autres, à tiges pendantes, tels que le Saxifrage de la Chine, dont les filets, semblables à ceux du Fraisier, fleurissent à chaque nœud flottant librement dans l'air.

De semblables vases suspendus peuvent orner toutes les fenêtres à toutes les expositions. Pendant la mauvaise saison, on les introduit dans l'appartement en guise de lustres fleuris. On peut aisément s'en procurer qui font l'office de lustres véritables, étant garnis tout autour de godets destinés à recevoir des bougies, tandis que des plantes d'élite, intercalées aux candélabres et occupant le centre du vase, laissent, par les intervalles des bougies, s'échapper des guirlandes remontantes de verdure et de fleurs.

§ 10. — Le jardin à la cuisine. — Le persil et la persillère.

Le Persil, épice indigène que tout le monde connaît, est originaire de Sardaigne. La médecine emploie ses racines comme diurétique, et sa graine comme excitant. Les lièvres et les lapins mangent le Persil avec avidité; mais il est funeste aux poulets et surtout aux perroquets. Le Persil est le condiment obligé de presque tous nos mets; il excite l'appétit et favorise la digestion.

On cultive aujourd'hui trois variétés du Persil commun : le Persil ordinaire, le Persil panaché aux feuilles mi-parties de jaunâtre et de vert, et le Persil frisé aux feuilles finement découpées et frisées sur les bords. On trouve, en outre, le Persil à *grosses racines*, dont les racines charnues se mangent étuvées, comme les Scorsonères, et le Persil *de Naples*, à grosses côtes, ou *Persil-céleri*, qui produit une plante beaucoup plus forte, et dont les côtes blanchies se mangent comme celles du Céleri.

On multiplie le Céleri d'éclats et de graines qui se sèment pendant toute la belle saison. Dans le nord de la France et en Belgique, les cultivateurs n'opèrent pas eux-mêmes cet ensemencement, par suite d'un préjugé qui fait croire que semer du Persil porte malheur. On paye un mendiant, et celui-ci se charge de cette semaille. Ainsi, ce qui serait pour l'un occasion d'infortune, devient pour l'autre la source d'un petit profit.

Les semis de Persil ne mettent pas moins de six semaines à lever; il faut les arroser souvent. Quand ils ont levé, on les sarcle, on les mouille, et quand ils ont pris le dessus, on les abandonne à eux-mêmes.

Le Persil réussit dans toutes les sortes de terre un peu meubles, et ne réclame du fumier que pendant

qu'il est à l'état de semis, si on l'a planté dans une
terre sujette à se fendre. En septembre on le coupe à
fleur de terre pour qu'à l'automne il repousse de nouvelles feuilles. Ces feuilles sont vertes et tendres. Dans
les temps de gelée et de neige, on couvre le plant de
grande litière ou bien on lui conserve ses vieilles
feuilles, qui, dans ce cas, sont chargées de servir
d'abri au cœur et de le préserver. En octobre, on fait
sécher les feuilles de Persil par lesquelles seront
suppléées les feuilles vertes qui feront défaut pendant
la mauvaise saison. Pour cela, on les lave, on les
épluche, on les jette un moment dans l'eau bouil-
lante, on les étend au soleil sur des clayons, et on
les soumet au four tiède ; on les retire, on les enferme
en lieu sec, enveloppées dans des sacs de papier ou
dans des boîtes, ou bien on les fait sécher à l'ombre,
attachées en paquets et suspendues au plafond.

Quel que soit le soin qu'on apporte à cette préparation, le Persil séché ne vaut pas le Persil frais, et
celui-ci seul communique ses vertus culinaires aux
mets auxquels on l'associe. Aussi, comme il entre
dans l'assaisonnement de presque tous nos plats, et
que par conséquent la cuisine ne peut s'en passer en
aucune saison, il arrive qu'en hiver le Persil frais,
quand il ne manque pas tout à fait, se vend à des
prix relativement fort élevés. C'est à ce double inconvénient que pare la persillère.

La persillère est un vase en zinc, en bois, ou mieux en terre cuite, ayant la forme d'un cône tronqué clos à la base, ouvert au sommet, mesurant un demi-mètre à un mètre de hauteur, et un mètre quarante centimètres d'ouverture, et percé de cent-cinquante à deux cents trous, dans lesquels on repique les plants de Persil. A cet effet, on sème très-clair en pleine terre, en mars, et l'on forme sa persillère en automne. Pour cela, on pose sur le fond du vase un premier lit de terre, et l'on introduit les racines de Persil de manière que le collet de la plante sorte hors du vase. Quand la rangée inférieure des trous est garnie, on place une couche de bonne terre, et l'on arrose légèrement. Successivement de bas en haut, et dans chaque trou on introduit les plants et la terre fraîche; quand le vase est garni en entier, on le couronne de quelques plants de Persil ou bien de fleurs de la saison, et la persillère est faite.

Lorsque le plant est enraciné et qu'il végète, on commence la récolte. Pour cela, chaque fois qu'on a besoin de Persil, on le coupe sur place, à un ou deux trous, suivant le besoin de la consommation. Au bout de quelques semaines, le plant ébranché repousse de nouvelles feuilles, et l'on obtient ainsi une provision suffisante pendant tout l'hiver.

La persillère en végétation offre l'aspect d'une belle colonne verte; le vase est changé de place à

volonté. En hiver, on le met en´serre ou à la cuisine
pour le soustraire aux fortes gelées. Pour éviter l'étio-
lement des feuilles, il faut poser la persillère près du
jour. On aura soin que de mois en mois, d'un trou à
l'autre, tout le Persil soit coupé ; la seconde année, il
faut même le couper plus souvent pour l'empêcher de
monter en tige. On renouvelle les plants tous les deux
ans. Les graines se conservent le même espace de
temps.

On arrose la persillère toutes les fois qu'elle en a
besoin. Pour faciliter l'absorption du mouillage dans
toute la longueur du vase, on a imaginé un tube étroit
en poterie tout criblé de petits trous de haut en bas,
et fermé par le bas, ouvert par le haut. Ce tube est
placé à demeure dans la persillère au moment où l'on
y introduit la terre que doit recevoir le plant. Quand
on veut arroser, on emplit d'eau le tube placé au
centre du vase, et l'irrigation se divise naturellement
dans tout l'appareil.

Les Hollandais sont les inventeurs de la persillère.

M. Masson, horticulteur parisien, l'a introduite en
France, et les potiers de Paris en fabriquent en terre
cuite sous les formes les plus gracieuses. Les persil-
lères coûtent 3 francs 3 franc 50 centimes, et 6 francs
si l'on y joint l'appareil d'arrosement. J'en ai vu, à
ce prix, qui servent de véritables ornements de jardin,
et qui, en hiver, forment de charmantes jardinières

d'appartement. On les plante de fleurs hivernales qui sont propices à ce genre d'éducation; on les alterne en variant les espèces, les formes et les couleurs, et l'on peut se former ainsi sans grand'peine une palette vivante et embaumée.

Aux devantures des magasins, une ornementation depuis quelque temps employée est le gazon fin dont la belle verdure égaie. On peut s'en servir aussi dans les appartements. Il suffit de couvrir de grains de Blé le fond d'une assiette ou d'une soucoupe que l'on tient constamment humide. On peut remplacer le Blé par le Ray-grass, le Millet, l'Orge, l'Avoine, les Lentilles, la Roquette, etc., mais surtout par le Nasitort ou Cresson alénois. Avec celui-ci, on obtient des massifs de gazon de la forme que l'on veut. Il suffit de recouvrir le corps offrant cette forme d'un fourreau de molleton neuf, que l'on frotte avec une carde ou une brosse rude; on le saupoudre de graines de Cresson alénois ou d'autres graines très-fines, comme celles de Roquette, de Millet, etc. En tenant ensuite l'objet sur une assiette constamment remplie d'eau, l'humidité dont le molleton est sans cesse pénétré suffit pour faire germer les graines, qui forment bientôt un massif de verdure épais et velouté.

Avec ce gazon, on peut garnir les intervalles d'une pyramide de fleurs que l'on obtient de la manière suivante :

Prenez un entonnoir en fer-blanc peint en vert et percé de trous d'environ un centimètre. En face de chacun de ces trous, mettez un oignon à fleurs, de telle manière que sa pointe seule paraisse au dehors et occupe le centre du trou ; puis achevez de remplir l'appareil avec de la mousse bien tassée. Redressez alors votre entonnoir et placez-le sur une cuvette en métal ou en faïence. Un petit trou pratiqué au sommet permet d'arroser modérément. On choisit ordinairement le *Crocus vernus*, très-riche en variétés de couleurs, cette plante bulbeuse donne une masse de fleurs agréablement diaprées. Un assortiment de quinze à vingt oignons de *Crocus* variés coûte de 4 à 5 francs.

CHAPITRE III

LE JARDIN A LA FENÊTRE

---

§ 1. — Généralités et conseils.

Le jardin à la fenêtre revêt plusieurs formes selon la richesse de l'horticulteur, selon l'espace et l'emplacement qu'il lui consacre, et selon le goût qu'il y déploie. Mon porteur d'eau cultive son jardin à la fenêtre dans les fêlures d'un vieux sabot, et je connais un bottier qui range sur ses fenêtres les vieilles tiges de bottes et y plante chaque année une armée de Balsamines qui ma foi font un très-bel effet. C'est un jardin tristement excentrique que le jardin de fenêtre ainsi réduit, dressant avec peine son treillis de ramure et de feuillages pâlissants ; mais qu'y faire ? tout le monde ne dispose point d'un Versailles, et chacun fait ce qu'il peut.

Chaque métier s'est choisi ses fleurs de prédilection. Le petit rentier vieilli cultive le Myrthe ; le Basilic appartient aux cordonniers ; l'Anémone et l'Œillet aux fleuristes. Les portiers et les tailleurs se sont réservé la Capucine, dont les pétales, après avoir orné la fenêtre et tamisé l'air et le soleil, figurent dans la salade de l'horticulteur, tandis que les akènes confits dans le vinaigre lui tiennent lieu de cornichons. Ces petits jardins présentent deux aspects différents. Quelquefois ils sont cultivés avec amour ; la fleur, quoique pâle, se sent vivre, l'eau ne lui manque point, la bonne terre de bruyère le pénètre de vie, et un soin de chaque jour, de chaque heure lui conserve la bonne santé, la fraîcheur veloutée, le coloris vivace, le parfum enivrant... c'est que le plus souvent ces fleurs rappellent au jardinier la date commémorative d'une fête du cœur. Elles ont été offertes en hommage par la famille à son chef, un ami en a fait le présent à son amie ; et qui ignore l'histoire de ce charmant petit rosier que Louis XIV avait donné à mademoiselle de la Vallière ? « Il est le gage et le garant de notre amour, lui avait-il dit ; tant qu'il vivra je vous aimerai, et il vivra toujours. » Toujours, en amour, est souvent un vain mot. Le rosier royal ne vécut pas toujours, il fleurit dès l'abord avec une splendeur factice ; puis, peu à peu, il pâlit, végéta, s'étiola. Un jour madame de Montespan, trouvant son agonie trop longue, l'arrosa d'un acide délétère, et mademoiselle de la Vallière se fit religieuse.

Ce n'est pas la seule légende qui se rattache au jardin de fenêtre. Qui n'a lu dans Boccace cette funèbre histoire d'un jeune fille de Florence, dont une férocité jalouse avait assassiné l'amant. Inspirée par son désespoir, elle se rendit dans le bois où celui qu'elle aimait avait été enterré ; elle coupa la tête du cadavre, la cacha dans un pot de Basilic, et vécut, veuve infortunée, arrosant de ses larmes cette terre précieuse où pourrissait ce noble visage rayonnant d'amour et d'intelligence qu'elle ne devait plus rev oi vivant.

Pour les cœurs solitaires, ces petits jardins égayent l'isolement, les fleurs sont de douces compagnes. Voyez sur tous nos marchés accourir nos jeunes filles, leurs économies s'écoulent toutes en fleurs ; elles emportent leur trésor ; elles en ornent leur logis ; que de soins! le matin, le soir, toujours c'est une nouvelle occupation, on n'a jamais assez arrosé, taillé, émondé, sarclé, échenillé, et puis ces boutons sont si lents à se développer! Oh! l'impatience du bel âge!... Mais, hélas! souvent le jardin tant soigné hier voit l'oubli et l'incurie succéder aux empressements du premier jour ; il gît alors dans son pot fêlé comme un moribond dans son lit d'agonie ; la poussière le tache,

la terre où il languit se dessèche, s'écaille et s'épuise, et la plante rabougrie se pelotonne contre le froid, se boucane au soleil, s'éparpille en lambeaux à tous les vents et périt désolée ; il y a là tout un volume d'élégies et je l'abandonne.

Le jardinage à la fenêtre est restreint ; quant au jardin, ne vous plaignez pas qu'il soit trop petit.

Alphonse Karr rentrait chez lui, un soir, après une absence de vingt-quatre heures ; il entend remuer dans l'appartement, tout le monde était couché ou devait l'être. Il pénètre hardiment dans la pièce d'où le bruit s'est fait entendre. Tout est à sa place. Il regarde à la fenêtre, large tout au plus d'un demi-mètre et occupée par une petite caisse de fleurs dont les branches verdoyantes grimpaient jusqu'au toit et ombrageaient toute la fenêtre. En regardant bien, il voit deux pieds, deux jambes, un homme, et d'assez mauvaise mine.

— Monsieur, que faites-vous là ?

— Je me promène.

— A votre aise, dit Karr, et d'un coup de poing il le jeta par la fenêtre.

Vous voyez donc qu'au besoin, et avec de la bonne volonté, votre jardin si petit qu'il soit, vous peut servir à quelque chose.

Si restreint qu'il soit, il présente de très-nombreux avantages. Il vous est facile de diminuer par moitié la dépense, en faisant partager vos frais aux voisins.

Deux conscrits allaient de leur village au chef-lieu de leur département, pour tâcher de se faire réformer. Fatigués par une longue route qu'il avaient déjà faite, ils s'adressent à un voyageur qu'ils rencontrent.

— Monsieur, combien de chemin nous reste-t-il pour arriver au chef-lieu.

— Dix lieues.

— Bien, dit l'un de nos jeunes gens, ce n'est que cinq pour chacun.

Voilà une route singulièrement abrégée. En tout cas, si le calcul fut faux pour nos deux conscrits, il est vrai pour les voisins de fenêtre. Quand ils veulent d'une maison à l'autre traverser la rue et se faire une route de verdure et de fleurs, par moitié se partage alors la dépense des fils de fer, des graines, des fleurs, des plantes, et chacun retire l'avantage intact de tout un pavois fleurissant et verdissant, bien feuillu, bien odorant, sans compter les bonnes relations qui en naissent quelquefois, avec le voisin, avec la voisine, et qui sait?

§ 2. — Installation du jardin à la fenêtre.

Avant tout, l'installation du jardin à la fenêtre doit être conforme au règlement de police, qui défend *de déposer sur les fenêtres, gouttières ou entablements, toutes espèces de caisses ou de pots à fleurs; il n'est fait dérogation à ces dispositions que pour les balcons et pour les appuis de croisées garnis de balustrades en fer ou de barres transversales en fer avec grillage en fil de fer maillé s'étendant à tout l'espace compris entre l'appui et la barre la plus élevée.*

Il faut absolument organiser son jardinet dans les conditions qui sont dans l'intérêt des passants, des voisins, et de l'horticulteur lui-même. En conséquence, lorsqu'on veut placer des pots à fleurs sur une fenêtre, il faut y faire sceller une barre de fer qui embrasse les pots en dehors, afin d'éviter toute chance d'accident; mais comme bon nombre de plantes dépérissent dans l'espace trop restreint des poteries, on leur réserve des caisses en bois que l'on fixe avec solidité.

On peut établir ces caisses partout où il est possible de les placer; mais, si on les rive dans un emplace-

ment où on devra les laisser hiver et été, on aura soin
de n'y cultiver que des plantes qui ne redoutent pas
les frimas, ou bien on fera disposer au-dessus des
caisses des couvertures en paillassons pour les préserver ; mais, comme l'influence de la gelée se fait res-
sentir sur toutes les faces de ces caisses, tout au contraire de la pleine terre qui ne la subit que par sa
superficie, il faut redoubler les précautions dont nous
allons donner le détail.

Les caisses placées sur les fenêtres comportent toutes les longueurs, toutes les largeurs et toutes les
dimensions ; cependant la largeur ne devra pas être
restreinte à moins de vingt-cinq centimètres ; quant à
la profondeur, elle doit être au moins de trente-cinq
centimètres. On aura soin de ne pas en clore hermétiquement le fond, on aura soin au contraire d'y ménager quelques ouvertures ou d'y percer quelques
trous que l'on recouvrira de cailloux ou d'un lit de
petits plâtras, afin d'empêcher l'eau des arrosements
de séjourner, de se métamorphoser en petit marécage
et de pourrir les plantes en empestant l'air. On em-
plira ensuite cette caisse de bonne terre mélangée de
terreau ou de l'espèce de terre convenable à la culture
des plantes que l'on voudra y placer, et, si l'on veut
cultiver des collections telles que les Tulipes, les Jacinthes, les Oreilles d'ours, les Géraniums, les Anémones et autres fleurs, on placera chaque variété de

terre par espèce dans des caisses séparées, en ayant soin de planter chaque fleur dans la caisse afférente. L'on tassera légèrement la terre, et l'on opérera la plantation.

Au-dessus des caisses, il faut établir des toiles mouvantes pour garantir les plantes des rayons du soleil. Nous expliquons cette précaution. Dans les rues, l'action du vent est nulle (nous ne parlons pas des giboulées ni des ouragans d'automne), et le soleil fanerait rapidement les plantes à fibres molles et spongieuses : il est donc nécessaire d'abriter ces espèces, surtout lorsqu'on les expose au midi. Et pour cela on fera jouer devant elles des stores ménagés à cet effet ou des tentes légères semblables à celles que l'on voit devant les cafés ou devant les magasins.

Une méthode préférable, plus en rapport avec l'espèce de jardins qui nous occupe, consiste à les abriter par un berceau en treillage qu'on garnit avec des plantes grimpantes ou bien simplement par des fils de fer inoxydables qu'on tresse de bas en haut et tout autour de la fenêtre et le long desquels on fait monter des Cobæas, des Capucines, des Haricots d'Espagne, des Pois de senteur, des Volubilis, des Roses remontantes. Toutes ces fleurs, ainsi immiscées dans les treillages et dressées le long d'une fenêtre, servent d'abri pour les plantes et, uniformément étendues sur les côtés de la partie supérieure d'une terrasse, permettent d'organiser un cabinet de verdure plein de parfum et de fraîcheur. Les Roses remontantes réussissent très-bien sur les terrasses. Il faut semer soi-même sur place les Haricots, les Capucines, les Pois de senteur et les Volubilis. Tout au contraire les Cobæas doivent être achetés en pots sur les marchés. Il faut choisir ceux qui ont atteint de trente à quarante centimètres.

§ 3. — Fleurs que l'on cultive sur la fenêtre.

Rien n'est plus facile que la culture des jardins de fenêtre lorsqu'on se décide à acheter les fleurs à mesure qu'elles fleurissent; la perfection apportée au jardinage du commerce est telle que, pour une somme relativement minime, on peut constamment renouveler son jardin, y jouir tour à tour des fleurs les plus belles et les plus recherchées, et tenir son parterre au niveau des jardins les plus opulents et les plus savamment cultivés. Mais, pour que ces plantes se transmettent sans déchet des mains habiles de l'horticulteur aux mains maladroites ou téméraires de *l'amateur*, elles doivent recevoir des soins dont l'absence *entraîne une occasion de maladie et souvent de mort* pour le végétal. Ainsi une des conditions pour

que la plante acquière tout son développement, est
d'enterrer le pot qui vient d'être acheté dans la caisse,
et de l'y arroser prudemment en l'abritant du soleil.
En général aussi il est nécessaire, dans ces conditions
de jardinage, de ne faire choix que de bons plants et
d'acheter tout prêts les arbustes ou les plantes qu'on
veut cultiver en pot, car, on le comprend, il est difficile de semer et d'élever des jeunes plantes sur une
fenêtre, surtout de leur donner constamment les soins
de chaque instant qu'elles réclament. Cependant on
y parvient, et le succès double alors la satisfaction,
si l'*affection* qu'on porte aux élèves qu'on a semés,
qu'on a sauvés des périls qui accompagnent leur première végétation, et qu'on soigne depuis leur naissance, est encore plus intense que l'orgueil qu'on
éprouve à contempler leur beauté épanouie.

Les espèces propres à la culture sur les fenêtres
sont les plantes annuelles, dont la rapide végétation
s'opère en peu de temps, et les plantes vivaces, dont
les plants achetés au marché ou chez les jardiniers
commerçants sont repiqués dans les caisses assez à
temps pour que leur floraison s'opère en entier sous
les yeux de l'acheteur.

Voici les espèces les plus remarquables parmi celles
qui se prêtent à ces combinaisons. Nous choisissons
celles que recommandent leur beauté, leur parfum
et la facilité de leur culture, ce sont : les Ancolies, les

Balsamines, les Belles-de-jour, les Chrysanthèmes
nains, les Giroflées, les Glaïeuls, les Juliennes, les Lis,
les Mufliers, les Muguets, les Œillets-de-poëte, les
Oxalis, les Pétunias, les Phlox, les Pensées, les Reine-
marguerites, les Résédas, les Saxifrages de Sibérie, les
Scabieuses, les Seneçons, les Tulipes et mille autres.

On peut étendre la culture des pots et des caisses-
parterre jusqu'aux arbres fruitiers de petites espèces.
Les Groseilliers blancs et rouges réussissent très-bien
lorsqu'on les maintient en tête formée sur tige et de
moyenne dimension ; il en est de même de certains
Cerisiers, greffés sur de très-jeunes sujets et taillés en
quenouille, et des Pommiers de diverses espèces,
greffés sur paradis.

Les Tomates, les Aubergines, cultivées sur terrasse
ou à la fenêtre, peuvent fournir d'excellents produits
et en même temps un très-agréable ornement.

Si l'on avait une caisse de dimension suffisante, et
si la terrasse était bien exposée, on pourrait cultiver
la variété d'Ananas qui étend peu ses racines et ses
rameaux, et dont un seul pied pourrait porter quatre
ou cinq fruits.

§ 4. — Les serres-fenêtres.

Quant à la culture d'hiver, il est à remarquer qu'il n'y a pas de meilleur préservatif contre le froid que l'usage des fenêtres doubles, usage encore peu répandu en France, mais qui est habituel dans tous les pays du Nord. L'une des fenêtres affleure la façade extérieure de la maison, l'autre est au niveau de la paroi intérieure du mur de l'appartement. Il reste entre les deux châssis un intervalle habituellement occupé par des oiseaux et des fleurs. En ouvrant le châssis intérieur, l'espace compris entre les deux fenêtres prend la même température que l'atmosphère de la chambre, ce qui permet d'y faire fleurir tout l'hiver des plantes d'ornement. Pendant les plus mauvais jours de la mauvaise saison, les deux châssis étant constamment fermés, le froid extérieur est si bien exclu, qu'avec très-peu de combustible on peut entretenir dans l'appartement une température bonne et saine qui, transmise dans l'intérieur de la double fenêtre, en fait une miniature de serre chaude. On place au bas de la fenêtre une caisse de

bonne terre qu'on garnit de Jacinthes, de Crocus de
Hollande et de Tulipes hâtives, ou de plantes en fleurs
de la saison; contre la paroi intérieure des murs on
plante des végétaux grimpants, des *toujours verts*,
comme disent les Anglais, Lierres et autres plantes
dont le feuillage toujours printanier brave l'hiver.
Au plafond, on dispose des vases suspendus, d'où
l'on fait retomber des fleurs vivaces, et l'on n'a
d'autre précaution à prendre que de faire communiquer dans la serre l'air tiède de l'appartement, et,
pendant les gelées, d'avoir soin que les plantes ne
soient pas en contact avec les vitraux extérieurs, ce
qui gêne leur expansion en tout temps, mais qui, en
cette occasion pourrait faner et même tuer les plantes
délicates soumises tout à coup à un froid excessif
contre la vitre recouverte de glace.

Ces serres-fenêtres sont très-agréables : elles reposent l'œil des ardeurs cuisantes des feux d'hiver ; elles
peuvent très-facilement et très-convenablement être
disposées sur les vastes fenêtres qu'il est de mode aujourd'hui d'établir au-dessus des cheminées et en vue
sur le jardin ou sur la rue. Leur meilleur avantage
est qu'elles n'embarrassent pas, et qu'on peut, à son
aise, sans quitter la maison, s'y donner les loisirs
d'une floriculture de choix que l'on crée soi-même, à
son goût et à son caprice, et que l'on peut étendre
à son gré dans l'appartement, en y aménageant ce

que nous appellerons la chambre-jardin et la serre-salon dont nous avons déjà parlé.

Comme ces jardinets ne sont pas toujours bien exposés, et que d'ailleurs on y cultive parfois des fleurs délicates, il faudra quelquefois avoir recours aux capots.

Les capots sont des appareils mobiles, composés d'un cercle de bois recouvert de calicot, enduit d'huile siccative. La lanière qui passe sur le *capot* et qui se fixe en avant, à la hauteur que l'on désire, à un petit crochet, sert à neutraliser les efforts du vent qui pourrait emporter cette frêle couverture. Deux crémaillères en bois, tailladées sur tous les points de leur longueur, se posent sur les bords de la caisse, aux deux bouts, maintiennent le capot à la hauteur convenable, et laissent à volonté se glisser l'air dans l'intérieur. Ces petits appareils se placent et s'enlèvent selon l'opportunité et sans difficulté. Ils se façonnent sans grande dépense; ils servent à abriter les caisses des pluies diluviennes, des gelées désastreuses, des neiges, des verglas et aussi du soleil. Ils sont fort commodes pour préserver les semis printaniers contre les irrégularités désastreuses de cette saison; ils servent encore pour sauvegarder les plantes contre les brouillards froids de l'automne. Pendant les grands froids, on dérobe la terre de la caisse sous une couche de paille coupée ou de litière sèche, et le *capot* est placé sur le tout. Pour plus de précautions, on entoure la caisse de fumier de cheval; dès lors les plantes ne redoutent plus la gelée.

Quand on cultive dans l'appartement, il arrive que l'on dispose de plantes d'orangerie qui, à un certain moment, manquent de la quantité de lumière et d'air nécessaires à leur végétation; la culture sur la fenêtre leur de vient alors nécessaire; et, pour les y soigner convenablement, on a imaginé l'appareil dont voici la description qui rappelle quelque peu la serre-fenêtre dont il a été déjà parlé. On fait abaisser l'embrasure de la fenêtre jusqu'au niveau du plancher; sur cette embrasure on fait sceller deux barres de fer; sur ces barres on fait établir solidement un plancher en chêne ou en sapin du Nord. Ce plancher dépassera d'un mètre le mur extérieur, et il sera incliné vers l'appartement, afin que les eaux surabondantes ne s'écoulent qu'à l'intérieur. Sur le plancher on établira dans des chassis un vitrage qui s'accotera au mur de la maison et y sera rivé par des pattes de fer. Au-dessus, le vitrage sera recouvert d'un grillage de fils de fer; il sera soigneusement clos, et, l'hiver, tous les petits vides qui pourront laisser glisser un peu d'air seront rigoureusement calfeutrés. Deux des vîtres supérieures seront montées en vasistas afin que la petite serre puisse être aérée, et la chaleur de l'appartement suffira pour lui donner le calorique nécessaire.

Le modèle ci-après est encore préférable à celui que nous venons d'indiquer. Ce sont des châssis qui peuvent s'appliquer aux serres et aux orangeries. Ils sont très-utiles pour les petites serres d'appartement destinées à être enclavées dans l'embrasure des fenêtres. Une moitié des lames de verre peut être baissée, et l'autre moitié hermétiquement close. Ces lames sont fixées sur une traverse en fer qu'on mouvemente au moyen d'une petite poignée mobile retenue par un ressort à dents. Ainsi l'on introduit à volonté la quantité d'air dont on a besoin.

La serre-fenêtre dont nous venons de décrire deux modèles différents doit être exposé au midi ou au sud-est, et les plantes les plus sensibles à la gelée s'y conservent parfaitement.

§ 5. — Cultures spéciales et plaisirs particuliers du jardinage à la fenêtre.

Le jardinage à la fenêtre réclame des soins très-assidus et très-minutieux.

Dès que la plante défleurit, on coupera toutes les tiges qui ont porté fleurs, on ôtera les feuilles jaunes désagréables au regard et malsaines pour la plante.

On se sert pour cela d'un instrument appelé effeuil-loir, dont il a été déjà parlé.

Quand on aperçoit une feuille morte trop élevée pour qu'on puisse l'atteindre, on allonge le bras muni de l'effeuilloir dans la direction de la feuille. On rapproche le doigt du pouce, et la feuille se trouve prise entre les deux branches plates qui terminent l'autre extrémité de l'instrument, qui s'allonge et se raccourcit à volonté.

On évitera soigneusement de laisser la mousse envahir la terre des pots ou des caisses ; pour cela on brisera la superficie de la terre par de fréquents binages opérés tout simplement au couteau, mais sans meurtrir le tronc ou les racines.

Quant aux animaux nuisibles, bien qu'ils ne soient pas très-nombreux, il faut les éviter à tout prix.

Beaucoup d'insectes envahissent les jardins de fenêtres et de terrasses. Il faut leur faire une guerre à outrance. Les fourmis, par exemple, s'insinuent partout ; pour prévenir leur invasion, on place les pots dans des vases faits exprès qu'on remplit d'eau. Si l'humidité qui en est le résultat nuit à la plante, on pose au milieu un support, et ainsi, le pot qui contient la plante est isolé de l'humidité et abrité des fourmis et en garantit les caisses. On place chacun de leurs pieds dans des vases de terre ou de fer-blanc pleins d'eau ; quand les fourmis ont pénétré dans la terre du vase, on isole la tête de la plante, en mettant autour du tronc un anneau de laine légère et bien cardée, ou même un anneau de glu où les imprudentes viennent s'attraper et périr.

On tracasse les fourmis qui sont dans la terre du vase en y plongeant une pointe quelconque, on couvre ensuite d'un pot vide la fourmillière boulerversée. Les fourmis émigrent, montent dans le pot creux où on les flambe sans pitié.

Les pucerons et une multitude d'autres insectes sont encore les ennemis de notre jardinage. Ils se logent à l'extrémité des rameaux, attaquent les jeunes pousses et les feuilles, les déforment, les rendent malades, les altèrent et quelquefois les tuent. On lavera ces tiges avec une décoction de tabac, etc., etc.

Une précaution toute spéciale aux jardins de fenêtre est de retourner les pots et d'en exposer tour à tour chaque face à l'air extérieur. Les plantes sont dès lors également sollicitées de tous côtés par le soleil et ne se dévient pas; tandis que les plantes qu'on laisse toujours tournées du même côté, se déforment avant peu, allongent leurs rameaux d'un seul côté vers l'air et la lumière, perdent leur grâce, et sont comme boiteuses.

Telles sont les indications sommaires de la culture des jardins de fenêtre, de terrasse et de galerie. A part les observations que nous avons détaillées, l'amateur aura soin d'interroger les horticulteurs et les livres spéciaux qui, heureusement et grâce aux hommes qui aujourd'hui se vouent à l'horticulture, ne se contentent plus de nous répéter les errements de la routine en français de cuisine ou de halle. L'almanach du *Bon Jardinier*, qui se trouve partout, est en ce genre le résumé le plus clair, le plus succinct et le plus instructif. Il est, en outre, des indications que l'expérience seule donne, ce sont les plus utiles, et l'esprit observateur de l'amateur intelligent mettra en peu de temps l'horticulteur le moins versé dans la science à même d'amener à bien les fleurs et les arbustes, de cultiver lui-même sans secours ni conseils, et cependant avec un succès réel, tous les petits jardins dont il aura embelli ses fenêtres et ses terrasses.

L'horticulture a pris depuis quelques années une extension qui ne s'arrêtera que lorsque toutes les cours, terrasses et fenêtres des villes et des campagnes auront été mises à profit et seront enrichies de guirlandes touffues, de fleurs aériennes, d'arbustes suspendus. C'est là la limite naturelle de ce jardinage, et nous l'atteindrons bientôt. En effet, le nombre des amateurs qui cultivent des plantes sur les rebords des balcons, sur le tablier de leurs terrasses, sur le plomb des galeries qui couronnent les maisons des villes est déjà incalculable. Quand l'on se promène aujourd'hui dans les rues, non-seulement des capitales et des grandes cités, mais même des plus petites villes et des bourgs, l'on ne voit plus que treilles, berceaux, vases de fleurs, arbustes en fruits escaladant de bas en haut les murs les plus riches comme les plus modestes. Et si l'on pénétrait dans les cours, si l'on visitait l'intérieur des maisons, on s'apercevrait bien mieux de cette voie nouvelle de la floriculture ; car bien des gens par insouciance ou par crainte de trop dépenser (si peu que cela coûte) négligent de faire établir un appui solide sur les fenêtres de façade donnant sur la rue ; d'autres ont peur d'infliger une tournure triviale à leurs appartements ; quelques-unes imaginent que l'amour des fleurs est une preuve tant soit peu malséante de sensiblerie, et tous les amateurs, les uns par amour-propre, les autres par pauvreté, vont cacher dans les fenêtres d'arrière leur vive affection pour ces jardinets où se résume pour eux en miniature la nature dont ils sont privés. C'est là, dans ces cours, loin des regards, qu'on les voit satisfaire leur goût pour les fleurs et obtenir des plantes réussies, brillamment épanouies, richement odorantes malgré les conditions désastreuses dans lesquelles on les cultive et qu'amènent, sans qu'on puisse les éviter, le séjour des villes et l'exil de la campagne.

CHAPITRE IV

LES PETITS JARDINS

---

§ 1. — Les petits jardins de Paris et des grandes villes

Quand renaît le printemps, adieu l'appartement, les serres closes! Il faut être prisonnier et vivre nuit et jour dans les villes pour se résigner à cultiver patiemment le jardin à la fenêtre pendant la belle saison. Heureux alors celui qui de l'aube au crépuscule promène son regard sur un vaste horizon! Heureux celui qui, en avril, voit les prés verdir; qui, dans les vallées, cueille la violette et qui de ses mains plante et moissonne! Heureux celui qui respire le grand air des champs; à qui, par sa fenêtre ouverte,

le vent apporte la senteur des luzernes en fleurs, la
salubre odeur de la vague balancée par la mer toujours mouvante! Heureux celui qui, sans mollesse,
sans fièvre, travaille d'un travail sain à ciel découvert,
appliquant au labeur que Dieu lui donne ses facultés
sans cesse rajeunies, et qui, le soir venu, au lieu des
factices obligations d'une vie fourvoyée, se retrempe
dans les joies bénies du foyer.

Oh! comme ce bonheur de vivre à la campagne est
bien compris de l'habitant des villes! Plus la ville est
vaste, plus le citadin se hâte à la possession d'un coin
de terre où il puisse s'ébattre selon son caprice. Voyez
comme en Angleterre chaque maison est accompagnée
de son jardin, et comme Paris mêle les goûts cham-
pêtres à ses habitudes urbaines, à ses plaisirs, et
comme le Parisien, toujours avide d'agrestes jouissances, n'attend pour renaître tout entier dans la
campagne, que le jour où il brille un peu de soleil.

Aussi les petits jardins se multiplient de tous côtés
autour des grandes villes, et Dieu sait que de soins
sont donnés au petit lopin de terre bien clos de quatre
murs! C'est là le centre de la famille, le but de sa
promenade, son lieu de fête quand vient le jour du
repos. C'est dans ces petits jardins que s'exaltent les
plus idéales allégresses, les plus sincères transports,
les plus saines réjouissances couronnées toujours par
le jovial repas où toute la gastronomie de la famille se

déploie. Oh! les gaies parties auxquelles la vieillesse,
la jeunesse et l'enfance prennent part! Quels plaisirs
vrais et simples! Le théâtre n'est pas grand; mais
faut-il tant de place pour être heureux! Si restreint
que soit le jardinet, ne peut-on pas, à force d'art, lui
donner un aspect printanier, quelque chose de frais,
d'embaumé qui fait rêver d'idylles! La porte intérieure
de la maison ouvre sur un corridor qui se prolonge
entre une double haie de jardinets divisés sur le lopin
étroit. Aussi chaque jardin a pour lui, pour toute la famille, pour tous les invités, vingt pieds de long, vingt
pieds de large, en tout. Un treillis de roseaux sépare
chaque petit carré. Là croissent les légumes prosaïques
dont s'approvisionne la cuisine; là une patience intel-
ligente a trouvé une petite place pour chaque chose :
les semis, les ustensiles, la tente qui tamise le jour,
les choux agrestes, la table rustique, que sais-je encore! Les pampres se dressent le long du mur et cou-
rent le long du treillis; un arbre unique, un acacia en
pleine floraison, s'élève au centre et à chaque souffle
de la brise éparpille ses coroles blanches toutes par-
fumées sur l'herbe. Au-dessous, la tonnelle bien ca-
chée sous les plantes et les fleurs grimpantes sollicite
les visiteurs. Ils y surprennent des gazouillements, de
petits cris, des frôlements, des bruits d'aile, et, quand
vient le soir, des nichées entières d'oiseaux et d'amou-
reux qui s'abritent sous les rameaux protecteurs et

7.

respectés. Là, dans ces petits jardins, les jours de fête, les familles se réunissent. L'espace suffit à peine à étaler un journal, mais on s'y loge, et plusieurs ensemble. Là les parents plantent un arbuste à la naissance de l'enfant : *Tu Marcellus eris*. Hélas ! l'arbuste trop souvent se change en cyprès ! Ici, sur le gazon, on jette de la semence dans un certain plant, et huit jours après, à heure fixe, on voit jaillir, verdoyantes et fleuries, les initiales des noms aimés qu'on veut fêter. Là, entre des planches, un petit Louvre, ma foi ! tout un ménage de poules, une famille de lapins, ménagent le rôti au repas dominical... Pendant tout l'été, les dimanches et les jours de fête, la palette de Teniers reproduirait avec joie ces kermesses charmantes, la gaieté des invités, cette bonne joie des ouvriers qui ont vaillamment travaillé toute une semaine ; puis, à droite et à gauche, dans chaque petit jardinet, dans les étroites allées, les groupes à travers les éclaircies des pampres laissent voir des nuages de cheveux et de mousseline, on entend les sons criards de la poêle, les concerts de voix de petits enfants, le glouglou des bouteilles qui se vident dans les verres entrechoqués, les pétillements du vin clairet, et, par-dessus tout cela, les sons harmonieux des musiques de danse qui retentissent dans les bals voisins.

Les jardins ont quelquefois pour propriétaire un de ces horticulteurs systématiques dont le goût s'est

changé en manie. Offrez-lui, par exemple, des oignons
de tulipes, il vous répondra avec hauteur qu'il donne
parfois des tulipes, mais qu'il n'en accepte jamais. Il
se révolte à la pensée qu'on ait pu croire qu'il désho-
norerait ses plates-bandes pour y ajouter quelques
fleurs de bon aloi. D'ailleurs, celles qu'il possède ont
été semées et élevées par lui; c'est une sorte de famille dans laquelle il ne veut pas admettre d'étrangères. Lorsque notre amateur montre à des visiteurs
ses plantes en floraison, il place sa société sous une
tente, pour qu'on puisse s'y extasier à l'aise et longue-
ment, en admirant fleur à fleur, les planches de ses
plantes de prédilection, rangées par ordre de taille et
de nuances. Lui, il fait l'office de cicerone. Il a une
baguette à la main, et il en touche délicatement la
fleur qui est l'objet de son emphatique commentaire.
Qu'un intrus se présente aux portes du jardin, mon
amateur s'arrête tout à coup et toise de l'œil le nouveau venu. S'il reconnaît un profane, il le salue d'un
léger hochement de tête, et, sans quitter son impertur-
bable gravité, poursuit sa démonstration. Il sourit dé-
daigneusement aux observations des gens qui ne sont
pas connaisseurs, et, si un questionneur s'obstine, il
ne répond plus et se contente d'échanger avec quelque
amateur un coup d'œil qui semble appeler la colère
céleste sur ces pieds-plats qui ne savent pas distinguer
une tulipe fond blanc à stries violettes, d'une tulipe à

stries violettes et à fond blanc, deux fleurs analogues, mais qui, pour les yeux exercés de ces maniaques, ne se ressemblent probablement pas plus que le jour et la nuit.

C'est à ces amateurs forcenés que sont dues quelques utiles découvertes encadrées dans l'immense quantité de monstruosités qui ont été en vogue depuis quelques années, et parmi lesquelles nous ne citerons que les fleurs de couleur extravagante qui ont fêlé la cervelle à tant de braves gens : les dahlias bleus, les camellias noirs, les roses noires, vertes et bleues, etc. Pour vous chez qui le long travail balançant les courts loisirs maintient la raison juste et le goût pur, je suis sûr que vous n'admirez que les Dahlias, les Camellias, qui restent dans la gamme des couleurs et des odeurs que leur a faite cette bonne et sage nature que tant de cuistres et de pédants veulent fausser, et à laquelle il faut finalement revenir, et que vous préférez la rose rose à la rose noire, à la rose verte et même à la rose bleue, si l'on parvient jamais à la fabriquer.

Je ne saurais trop vous engager, dans vos petits jardins, à cultiver les arbres fruitiers, les plantes qui peuvent être utilisées à la cuisine et les plantes dont les vertus peuvent être utilisées en médecine. La plupart croissent naturellement, elles peuvent être entretenues facilement, elles sont agréables par leur aspect, par leur odeur et peuvent figurer en bordures ou dans les parterres. Le pavot, le coquelicot, la belladone, la jusquiame, la mortelle, la sauge, la mauve, la guimauve, la violette, la gentiane, la germandrée, la petite centaurée, l'armoise, la bourrache, la capillaire, l'érysinium, la lavande, le mélilot, la menthe aquatique, le serpolet, le thym. Parmi les plantes, les unes cultivées dans le jardinet, sont récoltées pour être conservées entières. Les autres ne sont cueillies que pour leurs feuilles, leurs fleurs en sommités fleuries, leurs graines, leurs racines ou leur écorce. Il faut choisir, pour cette récolte, un temps sec et serein, lorsque le soleil est levé et que la rosée de la nuit est dissipée et généralement à l'époque où les fleurs commencent à s'épanouir parce que les plantes, ayant alors acquis toute leur vigueur, sont plus odorantes et plus salutaires. Quand on les a débarrassées de la terre qui peut y rester attachée, des mauvaises herbes, des feuilles mortes ou fanées, on les fait sécher à l'ombre, et, quand elles sont parfaitement desséchées, on les conserve dans des boîtes ou dans des sacs à l'abri de la poussière et de l'humidité. Quelques plantes, la lavande, la menthe, le thym, doivent, à mesure qu'elles sont recoltées, être attachées par petits paquets avec une feuille et suspendues pour les faire sécher dans un grenier bien aéré. Pour récolter ces plantes, vous pouvez organiser de petites parties qui deviendront autant de fêtes tantôt restreintes à une cueillette dans le jardin familier, tantôt organisées en herborisations improvisées, profitables au développement des forces et de l'éducation de vos enfants.

§ 2. — Culture spéciale des arbres fruitiers en pots.

L'un des faits les mieux connus en physiologie, c'est que chez tous les végétaux ligneux, particulièrement chez les arbres fruitiers, les racines font les branches, et réciproquement les branches font les racines. C'est en vertu de ce principe que, si l'on retranche périodiquement les racines d'un jeune arbre, en le plaçant d'ailleurs dans des conditions telles qu'il puisse vivre et fructifier avec le peu de racines qu'on lui laisse, il ne pousse presque pas de branches latérales et se couvre de haut en bas de productions fruitières. Ce procédé, fort connu mais peu pratiqué, permet d'obtenir des arbres en fuseau d'une élévation médiocre qu'on peut planter très-près les uns des autres et dont on réunit un grand nombre sur un petit espace : c'est seulement ainsi que le propriétaire d'un petit jardin, à l'intérieur ou dans le voisinage immédiat d'une grande ville, peut y récolter un assortiment varié des meilleurs fruits, tandis qu'il n'en pourrait avoir que cinq ou six espèces s'il y plantait des arbres en plein vent ou en pyramides de dimensions ordinaires.

Si l'on pratique la taille régulière des racines chez les arbres greffés sur des sujets qui prennent naturellement peu de développement, tels que le Coignassier pour les Poiriers, le Paradis pour les Pommiers, le Mahaleb pour les Pruniers et les Cerisiers, on arrive à former des arbres qui restent dans de petites dimensions, produisent beaucoup et végètent de la manière la plus satisfaisanse dans des pots qui ne contiennent pas plus de $0^{mc}.50$ à $0^{mc}.75$ de terre. Il faut, bien entendu, que cette terre soit amenée à son maximum de fertilité en la mêlant à une très-forte dose de fumier très-consommé. Cette fertilité doit être maintenue par des arrosages fréquents, avec des engrais liquides, aux époques où la végétation des arbres est la plus active.

On cultive les arbres fruitiers en pots pour la culture naturelle et pour la culture forcée.

La culture naturelle des arbres fruitiers en pots est à peine connue en France, et elle n'y est pas du tout pratiquée. Elle est, au contraire, en grande faveur en Angleterre, où elle a été propagée par Rivers, qui en a démontré la facilité et les avantages.

Dans un carré de jardin entouré de haies à hauteur d'homme (1^m.75 de haut), on plante de distance en distance des montants supportant une charpente légère en forme de toit mobile recouvert de chaume ou simplement de paillassons. Sous cette sorte de hangars on dispose les arbres fruitiers en pots sur trois rangs, en ayant soin de ménager des sentiers de service. C'est ce que Rivers appelle son *verger couvert*. On comprend que, la largeur des arbres ne dépassant pas le diamètre des pots à leur orifice, les pots peuvent se toucher, de sorte qu'un verger couvert, de quelques ares seulement de superficie, en peut contenir des centaines. Tous les ans, chacun de ces arbres est dépoté pour rafraîchir les racines, provoquer la formation d'un nouveau chevelu et renouveler au besoin la terre lorsqu'elle paraît épuisée. Les arbres en pots ayant très-peu de disposition à émettre un luxe inutile de jeune bois, leur taille se réduit à très-peu de chose. Ils ne fleurissent sous l'abri que leur offre le verger couvert ni plus tôt ni plus tard qu'ils ne fleuriraient dans tout autre jardin; seulement, ils n'y craignent ni la grêle des giboulées de mars, ni les gelées blanches tardives de la fin d'avril, et l'on peut compter sur la régularité de leurs produits; ils se chargent de fruits même dans les années où les fruits des arbres à l'air libre sont détruits par les intempéries des saisons, avantage inappréciable sous un climat aussi inconstant au prin-

temps que celui de la Grande-Bretagne. Dès la première semaine de mai, les panneaux mobiles du toit
sont enlevés pour être replacés à l'entrée de l'hiver.
On peut difficilement se former une idée de la profusion
d'excellents fruits qu'il est possible de récolter dans
un semblable verger couvert à la Rivers, entièrement
occupé par des arbres fruitiers de toute espèce cultivés
en pots.

En France, on ne cultive les arbres en pots que
pour les forcer dans la serre chaude. On soumet particulièrement à ce mode de culture des cerisiers, des
pruniers de reine-claude et des abricotiers. Ces arbres
sont introduits dans la terre à l'entrée de l'hiver, après
qu'on a laissé prendre à leur végétation un temps de
repos à la suite de la chute de leurs feuilles. Sous
l'empire d'une température soutenue de 16 à 18 degrés
la nuit, de 20 à 24 le jour, ces arbres nains fleurissent
et nouent leur fruit en plein hiver : ils sont chargés
de fruits mûrs en avril et mai. Leurs petites dimensions permettent de les faire figurer sur les tables : au
dessert, les convives peuvent goûter le plaisir d'y
cueillir eux-mêmes les fruits obtenus par la culture
forcée.

On cultive la vigne en pots pour la forcer dans la
terre tempérée ou dans la serre chaude. Les ceps
choisis pour cette destination sont obtenus de marcottes et mis en pots dès qu'ils sont suffisamment en-

racinés : ce sont ce que les jardiniers appellent des *chevelées*, à cause du paquet volumineux de racines fibreuses qui les accompagnent. Les chevelées portent des bourres à fruit; on en obtient du raisin l'année même où la marcotte est sevrée pour être mise en pot. En ne forçant dans la serre que des vignes élevées en pots, d'une part, elles ne s'emportent pas, et chacune d'elles n'occupe jamais un trop grand espace dans la terre; d'autre part, au lieu de trois ou quatre espèces seulement que peut admettre une serre à force de dimensions moyennes, on peut forcer toutes les bonnes variétés : le franckenthal, la grosse-perle de Hollande, tous les chasselas, tous les muscats, sans autre surcroît de dépense que l'achat de nouvelles chevelées quand les racines des vignes ont pris trop d'accroissement pour continuer à vivre dans les pots : car la vigne ne supporte que jusqu'à un certain point la taille des racines.

Lorsqu'à l'intérieur d'une ville on dispose d'une terrasse assez spacieuse qu'on désire convertir en berceau, on peut y faire monter un ou deux ceps de vigne en pots et récolter quelques belles grappes d'excellent raisin au milieu des roses, du jasmin et du chèvrefeuille.

II

Quelquefois les chiffres des dimensions des pots tels que nous les avons indiqués se trouvent trop élevés. Pour les arbres fruitiers, les pots doivent avoir à leur orifice supérieur 40 centimètres de diamètre, 30 à leur surface inférieure et 30 de profondeur. On ne trouve pas habituellement des pots tout faits de cette grandeur, parce qu'ils ne sont pas demandés; il faut les commander exprès dans les fabriques de poterie à l'usage de l'horticulture.

La qualité de la terre dont on remplit les pots doit varier suivant la nature des arbres, d'après ce principe bien connu que les arbres à fruits à pepins dont le bois n'est pas gommeux se plaisent dans une bonne terre franche à froment, plutôt un peu forte que trop légère, et que les arbres à fruits à noyaux dont le bois est gommeux prospèrent, au contraire, dans un sol plutôt léger que fort et plutôt calcaire que siliceux.

Les arbres en pots se trouvent d'ailleurs dans des conditions de végétation tout à fait exceptionnelles; on doit, pour favoriser autant que possible le développement du chevelu, mêler la terre, quelle qu'elle soit, avec un tiers ou moitié de bon terreau et l'arroser souvent avec de l'engrais liquide.

Le meilleur engrais, à cet effet, se prépare avec du crottin de mouton ou de chèvre, délayé dans de l'eau au moment de s'en servir. Les bouses récentes, également délayées de manière à former un brouet très-clair, peuvent servir au même usage.

Les doses d'engrais ne peuvent être précisées. Un arrosage de ce genre peut être donné une fois par semaine, mieux le soir que le matin; le reste du temps, les arbres cultivés en pots doivent être mouillés avec de l'eau pure assez souvent pour qu'ils ne souffrent jamais de la sécheresse.

Les arrosages soit d'eau pure, soit d'engrais liquide doivent commencer à la reprise de la végétation et devenir de moins en moins fréquents après la chute des feuilles.

Les poiriers doivent figurer dans ces vergers en plus grand nombre que tous les autres arbres fruitiers: on fait choix des espèces et variétés greffées sur coignassier, qui prennent naturellement moins de développement.

Quant à la hauteur de ces arbres, elle dépend entièrement de l'âge qu'ils ont lorsqu'on commence à leur appliquer la taille régulière des racines avant de les mettre en pot. Une fois en pot, s'ils sont tous les ans dépotés pendant le sommeil de leur végétation et que leurs racines soient sévèrement contenues par la taille, ils ne croissent plus en hauteur.

Rien n'est plus facile que de les arrêter à la hauteur désirée. Les dernières productions fruitières du bas de chaque arbre ne doivent commencer qu'à 50 ou même 75 centimètres au-dessus de la surface de la terre du pot. Cette longueur de tige dégarnie, ajoutée à la longueur du pot, met les productions fruitières des arbres suffisamment en contact avec l'air et la lumière.

On laisse un intervalle d'un mètre entre la haie et la première rangée de pots. Les proportions peuvent, d'ailleurs, varier selon l'espace dont on dispose.

La hauteur des arbres fruitiers en pot dépasse rarement 3 mètres, 3 mètres 50 centimètres.

Constatons à ce sujet que, sans avoir recours au système d'abri temporaire qui constitue le verger à la Riders, on peut tirer un très-grand parti de la taille des racines des arbres fruitiers, pour grouper un nombre suffisant de bonnes espèces des meilleurs fruits dans un très-petit jardin.

Dans ce cas, les arbres en colonne doivent être soutenus par de solides tuteurs et arrosés d'engrais liquide comme les mêmes arbres en pot.

Pour tailler les racines, on ne déplante pas les arbres, on les déchausse seulement pour retrancher toutes les racines qui tendent à s'écarter dans diverses directions et qui sont superflues.

III

Parlons maintenant de la plantation des arbres fruitiers en pot.

Un défoncement bien fait est une condition indispensable du succès de toute plantation ; et, dans le Midi
surtout, l'influence de cette opération est d'autant
plus sensible que le défoncement est plus récent.
Aussi les arbres à fruits à noyau, et même les poiriers
greffés sur coignassier donnent-ils, dès la première
année de leur transplantation, des poussés vigoureuses ;
il n'en est pas ordinairement ainsi des poiriers et
pommiers greffés sur franc, et c'est seulement à la
seconde feuille qu'ils commencent à développer des
racines et des rameaux d'une certaine force ; mais,
dans cet intervalle, le terrain, battu par les piétine-
ments, les arrosages et les pluies, s'est tassé d'une
manière sensible.

La plus grande partie des plantations se fait avec
des arbres pris dans des pépinières souvent éloignées,
et dans tous les cas souffrants, mutilés par l'arrachage
et sans spongioles. On conçoit facilement quelle différence de végétation doit exister entre de pareils arbres et ceux qui seraient plantés en terre en parfait
état, bien remis et munis d'une masse de chevelus.

Le moyen le plus facile de se procurer de pareils arbres est la culture des arbres en pots telle que nous l'avons indiquée. Je ferai seulement observer que, les arbres ne devant rester qu'un ou deux ans au plus dans les pots, ceux-ci devront être d'une moins grande dimension. Il suffit que les racines existantes dont on n'a supprimé que les parties endommagées puissent y entrer avec facilité. Je ne conseille pas non plus l'arrosage à l'engrais liquide, par la raison que les très-jeunes arbres paraissent souffrir de ce genre d'engrais. Mais de nombreux arrosages sont indispensables pour faire développer le chevelu. Ce résultat est ordinairement atteint à la chute de la première feuille. Il convient alors de mettre le plus tôt possible ces sujets à la place qui leur est destinée, en conservant avec soin la motte qui entoure les racines.

C'est à la fin de l'hiver qui suit leur mise en pleine terre que ces arbres doivent recevoir leur première taille, qu'on ne doit appliquer qu'un an plus tard dans les plantations ordinaires. C'est donc une année de gagnée. En outre, le défoncement n'a lieu que six ou huit mois après la mise en pot, ce qui permet d'obtenir une récolte de plus, choisie parmi les cultures améliorantes, plus une fumure verte qui, enterrée au fond de la fange, améliore le terrain d'une manière remarquable.

Cette méthode, excellente pour les poiriers et les

pommiers sur franc, est d'une importance plus grande lorsqu'il s'agit de planter des arbres multipliés par boutures, figuiers, grenadiers, etc. J'ai vu des boutures de figuier, plantées après un séjour de deux ans en pot, dans un terrain nouvellement défoncé, dépasser bientôt des arbres de la même espèce mis en place quatre ans plus tôt. Depuis dix ans ils ont conservé cette supériorité qu'ils ne doivent qu'à leur mise en pot.

On objectera la dépense nécessitée par l'achat des pots, la main-d'œuvre qu'exige la transplantation, l'arrosage ; mais l'on conçoit qu'il ne convient d'appliquer cette méthode qu'aux arbres devant acquérir de grandes dimensions, et non à ceux dont on a à modérer la vigueur, c'est-à-dire à un petit nombre de sujets. D'ailleurs, quand on plante toutes les années, le coût des vases se répartit sur un certain nombre de plantations, et, lorsque la place lui manque, le jardinier utilise ces pots en y élevant à demeure des arbres fruitiers.

Des jardiniers portent à nos foires, dans de très-petits pots, des arbres chargés de fruits. Voici le moyen qu'ils emploient et que tout amphitryon peut mettre à profit quand il voudra procurer à ses convives un dessert charmant. Dans des pots à œillet, on place des arbres de deux ans de greffe dont toutes les racines sont raccourcies, à l'exception de la plus forte,

qu'ils font passer par le trou du fond du pot préalablement agrandi. Les pots sont enterrés dans un
terrain riche et bien défoncé, dans lequel la racine
principale se développe, donne une abondante nourriture à l'arbre, et, lorsque celui-ci est chargé de fruits
mûrs, on coupe la racine net du vase et l'on conserve
la fraîcheur et les fruits de l'arbre amputé à l'aide
d'arrosements répétés.

L'arboriculteur peut encore utiliser les grands pots
qui restent sans emploi en y plaçant les arbres malades
qui déparent son jardin fruitier. Celui qui a de la place
fera cependant mieux de les placer en pleine terre
dans un endroit peu en vue. Si l'on consacre à ces invalides un terrain spécial, ils deviennent quelquefois,
par suite de la transplantation et de la taille des racines, des sujets très fertiles.

§ 3. — Respiration et asphyxie des plantes.

Nous avons parlé plusieurs fois des conditions
difficiles du jardinage d'appartement et à la fenêtre. Le manque d'air et de lumière que l'on si-
gnale presque toujours dans cette culture difficile, est
la principale cause de la souffrance des plantes que

8

même un horticulteur émérite sauverait rarement dans certains cas.

Le cardinal Fesch, archevêque de Lyon, oncle de Napoléon, avait adressé quarante invitations pour un dîner de grand apparat et de haute gourmandise. A l'heure indiquée, trente-neuf convives se trouvaient réunis dans les salons du cardinal. Il était sept heures et demie et l'on ne se mettait pas encore à table. Le cardinal paraissait inquiet et la faim allongeait toutes les figures.

— Vous attendez encore quelqu'un, monseigneur, se hasarda l'un des convives.

— Oui, j'attends un respectable sénateur.

Une demi-heure s'écoule, le même convive revint au cardinal.

— Monsieur le respectable sénateur est peut-être malade?

— Oh non ! il me l'aurait fait dire.

Une nouvelle demi-heure se passe.

— Mais, monseigneur, quel est donc ce respectable sénateur.

— C'est le comte de la Ville-Leroux.

— Mais, monseigneur, il est mort depuis un an.

— Oh ! alors, il faut nous mettre à table.

Il peut vous arriver de ces erreurs, si vous n'abritez pas vos plantes contre le mauvais air des chambres et des villes.

Les phénomènes que présente la respiration des végétaux sont connus. On peut les résumer ainsi : la séve arrive aux feuilles, le pénètre et s'y trouve en contact avec l'air atmosphérique ; elle le décompose, ainsi qu'une partie de l'air, sous l'influence de la lumière solaire, retient le carbone de l'acide et une petite proportion de l'oxygène de l'air, et, par son contact avec ces substances, se convertit en un fluide capable de nourrir le végétal.

Les feuilles sont les organes essentiels de la respiration des plantes ; elles sont les analogues du poumon chez les animaux. De plus, les plantes ont des vaisseaux aériens, nommés trachées, qui sont répandus dans tous leurs organes, à l'exception du système cortical, et qui sont une dépendance des organes principaux de la respiration végétale. Les trachées et les vaisseaux ponctués ou rayés sont les conduits chargés de porter l'air dans toutes les parties de la plante. Mais, tandis que, par suite de l'acte de la respiration, les animaux vicient l'air en lui enlevant une portion de son oxygène, qu'ils remplacent par de l'acide carbonique, les plantes, au contraire, sous l'influence de la lumière, débarrassent l'atmosphère de ce principe impropre à la respiration des animaux et lui rendent de l'oxygène en échange ; ce qui rétablit l'équilibre.

M. Duchartre, qui a spécialement étudié la respi-

ration des plantes et qui a tenu compte d'une multitude de particularités délicates trop souvent négligées
par les expérimentateurs, a obtenu sur cette fonction
des notions précises et dont on appréciera l'utilité et
la curiosité. Ses recherches ont porté sur un grand
nombre de plantes herbacées annuelles, bisannuelles,
vivaces, terrestres, aquatiques, ligneuses, etc., et il
a fait varier l'intensité de la lumière à l'aide d'écrans
d'une opacité variable et différemment calculée.

Voici, en résumé, les plus remarquables observations de M. Duchartre :

A la lumière directe du jour, les plantes émettent
par leurs feuilles un gaz fortement oxygéné, et dont
la quantité augmente en rapport avec l'intensité de
la lumière. A l'ombre, elles en émettent aussi, mais
en proportion sensiblement moindre.

La privation de la lumière directe semble être
moins redoutable aux conifères qu'aux autres plantes. Cette observation se rapporte également aux
plantes qui croissent habituellement à l'ombre.

Il n'existe plus de relation fixe entre les quantités
de gaz dégagé au soleil par les plantes de ces différents
genres, et le nombre et la dimension des pores microscopiques respiratoires de l'épiderme, nommées
stomates, des parties herbacées et des feuilles.

Pour les arbres dont les feuilles sont d'un tissu sec,
coriace, il y a rapport inverse entre le nombre consi-

dérable des stomates et la faiblesse du dégagement
gazeux.

Les feuilles qui, à l'état d'adulte, deviennent sèches et coriaces, émettent du gaz pendant qu'elles
sont jeunes, et cette émission est facilement appré-
ciable.

En l'absence des stomates, on voit le gaz sortir
par quantités notables des cellules de l'épiderme. Ces
cellules peuvent en conséquence être considérées
comme des organes respiratoires.

Les feuilles des plantes aquatiques flottantes dégagent à la lumière un gaz fortement oxygéné non-seulement par les stomates dont leur face supérieure est
pourvue, mais par leur face inférieure, qui est habituellement en contact avec l'eau et qui est dépourvue
de stomates.

Cette dernière observation est contraire à l'opinion
reçue, mais elle repose sur des études rigoureuses.

Il nous a semblé que les données précédentes
éclaircissent ce qui nous reste à dire relativement à
l'asphyxie des plantes.

Les plantes éprouvent une répulsion énergique pour
les ambiants délétères, et elles ne peuvent, comme
l'homme, fuir devant leur influence pernicieuse. Elles
ne peuvent non plus choisir leur aliment, et si l'eau
d'arrosement est imprégnée d'éléments hétérogènes,
elles les absorbent, et si cette absorption est abon-

8.

dante et continue, la plante y puise le dépérissement, l'agonie et la mort.

La surabondance de nourriture agit aussi désastreusement sur les plantes. Elle engorge leurs vaisseaux et leur constitue une véritable apoplexie . L'air ambiant est encore une cause rapide de dépérissement et même d'asphyxie.

Voici les principales observations relatives à ce sujet, publiées par le *Journal d'horticulture pratique belge :*

« On ne saurait trop, dit-il, veiller aux conditions atmosphériques dans lesquelles vivent les végétaux. Un aérage bien ordonné est la meilleure panacée qu'on puisse recommander, non-seulement dans les circonstances défavorables, mais encore dans toutes les serres, dans quelques conditions qu'elles se puissent trouver. C'est au cultivateur intelligent à examiner la direction du vent, à l'utiliser précieusement s'il est pur ou opposé aux foyers pestilentiels, et à l'introduire par des voies détournées en le forçant à se purifier par son insufflation au passage sur des baquets remplis d'eau. »

On cite des cas d'asphyxie de *lycopodium cuspidatum*, de *centradenia rosea* par quelques jours de conservation dans une atmosphère saturée de nuages de fumée de tabac, et cependant la fumée de tabac, employée avec modération et en temps utile, est un remède souverain pour débarrasser les plantes des myriades de pucerons qui les attaquent.

Une asphyxie plus redoutable est celle provenant de l'introduction dans une serre ou dans un conservatoire d'un air méphytique ou d'une atmosphère saturée de gaz pernicieux, ainsi que cela arrive fréquemment dans le voisinage des grandes usines, des fabriques de produits chimiques.

Pour surmonter tous ces périls, il suffit d'un peu d'attention dans le mode d'aérage, de beaucoup de propreté, de bassinages ou seringages fréquents. Cependant, si l'asphyxie provient de l'absorption de liquides délétères empoisonnés, la guérison devient impossible, et, dans ce cas, il faut agir avec célérité, opérer la section des branches encore valides et tenter la multiplication.

Si l'asphyxie a eu lieu dans un milieu pernicieux, dans une atmosphère viciée, il faut se hâter de raccourcir les branches, examiner les racines et plonger la plante dans une bonne tannée ; enfin, il faut la traiter comme une jeune bouture.

Ces réflexions et ces conseils ont été suggérées au *Journal d'horticulture pratique belge* par plusieurs amateurs voisins de grandes usines, et qui se plaignaient du dépérissement plus ou moins rapide de leurs plantes, soit par l'absorption du gaz délétère, soit par l'obstruction des stigmates, produite par la

poussière et la suie des cheminées. Les mêmes conditions déplorables se trouvent aux lisières des villes, et
dans les villes mêmes elles augmentent leur influence
pernicieuse, et l'on sait que nos horticulteurs de ville
sont obligés de transporter leurs serres en dehors,
sous peine d'impossibilité de culture.

La culture des fleurs et des arbres fruitiers dans
les appartements se trouve encore plus désastreusement menacée par les conditions absolument
mauvaises de leur jardinage. Nous avons cru nécessaire d'appeler l'attention sur ce phénomène
de la respiration avec laquelle on compte trop rarement ou trop peu soigneusement, et qui est
cependant aussi important pour le végétal que pour
l'homme.

En Belgique, en Allemagne, la conséquence de ces
observations est un soin constant de n'exposer les
plantes qu'à un air salubre et à une lumière pure. En
toute saison et chez tous les amateurs de fleurs, et
dans ces pays (riche ou pauvre, chacun est amateur
d'horticulture), des dressoirs en bois, peints en vert,
chargés de plusieurs rangs de pots contenant les plus
belles plantes fleuries, sont placés devant les fenêtres
des chambres. Ce n'est pas pour que les passants rendent hommage à leur beauté et au talent de celui qui
les cultive; c'est uniquement pour que les plantes ne
perdent rien de la lumière que pour arriver jusqu'à

elles à travers les vitres quand la température intérieure ne permét pas d'ouvrir les fenêtres.

En Angleterre, la conséquence de l'air vicié des
villes industrielles et de leurs environs est qu'on ne
peut point y conserver les rosiers qui ne fleurissent
bien et abondamment que dans l'air le plus pur. Les
riches amateurs en font venir de Belgique et de France
et les renouvellent tous les deux ou trois ans. Au bout
de ce temps, l'atmosphère chargée d'eau et de fumée
de charbon leur inflige une végétation si souffrante,
que les boutons cessent de s'épanouir.

§ 4. — Les abeilles familières.

La vie et les mœurs des abeilles ont toujours inspiré beaucoup d'intérêt. Tous ceux qui ont étudié les
insectes en parlent avec admiration. Il suffit de lire
Michelet, de Frarière, Huber, pour être saisi d'enthousiasme. Et dès qu'on les a lus, on désire avoir en
sa possession une ruche et des abeilles.

Mais là commence la difficulté.

Voir ce qui se passe dans l'intérieur d'une ruche
n'est pas toujours chose facile. Les abeilles interdiront
au vulgaire toute approche, surtout toute entrée dans

la ruche qui est leur ville sainte, et, dès lors, comment trouver le moyen de devenir témoin des mystères qui s'accomplissent dans le sanctuaire sévèrement fermé?

Si vous voulez, lecteur, je vais être votre guide, et, sommairement, je vais vous dévoiler quelques-uns de ces secrets charmants; je vous indiquerai, au moyen de la RUCHE D'APPARTEMENT, comment, sans sortir de votre salon, vous pourrez vous donner le spectacle de tout ce que l'apiculture connaît déjà des mœurs intéressantes des abeilles. De même, si vous avez de la patience, de l'adresse et le génie spécial qui vous fera bienvenir des abeilles, découvrir comme Huber, Debauvoys ou mademoiselle Juvine, bien des mystères que la science ne soupçonne pas encore.

Voici les jours moins rudes, c'est le moment pour observer. Le ciel est pur et tiède, les abeilles, dégourdies et incitées par un soleil vif, se précipitent, par multitudes hors de la ruche. De toute la vitesse de leurs ailes, elles volent et se dispersent dans toutes les directions. C'est le convoi du départ. Le convoi d'arrivée le croise, il se compose d'abeilles en égale quantité qui arivent en droite ligne des champs et des jardins où elles ont fait récolte et qui rentrent chargées du précieux butin qu'elles ont trouvé sur les fleurs remplies de miel ou contenant du pollen.

Soyez sûr que, pour rentrer au plus vite, l'abeille

sait choisir la route la plus directe, et qu'elle ne se méprend jamais. A l'entrée, elle fait rencontre d'autres abeilles qui travaillent à l'intérieur... ici je m'arrête. Un volume entier ne suffirait pas à vous raconter tout ce qui se passe dans la ruche ; d'ailleurs vous verrez par vous-même, dans votre ruche d'appartement, qu'il est difficile de raconter toutes les merveilles, si simples quand on est témoin, si incroyables lorsqu'on les lit. — Je ne vous citerai pas non plus tous les faits qui démontrent la prévoyance de ces admirables insectes qui agissent le plus souvent comme s'ils étaient doués de réflexion, et comme si Dieu leur avait donné en partage le jugement dont bien des hommes semblent dépourvus.

L'abeille, qui s'est montrée architecte habile, pour construire sa demeure, est aussi peintre pour l'orner.

Voici comment elle s'y prend.

Sa trompe lui sert de pinceau. Elle balaye avec ce pinceau factice, la place qu'elle veut colorer, elle l'humecte ensuite avec une liqueur transparente, puis elle dépose par places, deçà delà, une matière jaune, un encaustique qu'elle tient entre ses dents et, partout, l'étend autant qu'elle peut.

Alors commence pour elle le métier de frotteuse, et voilà notre abeille se dandinant, se lançant, deux, trois pas en avant, reculant deux, trois pas en arrière jusqu'à ce que l'encaustique soit parfaitement étalé. Quand elle est fatiguée, elle se fait relayer par ses compagnes.

Les abeilles ont-elles un langage qui puisse leur aider à se communiquer les ordres ou les nouvelles qui semblent les faire agir avec cet accord qui nous surprend? Je ne sais. En tout cas, examinons-les, lorsque, par exemple, une d'elles a découvert dans les champs quelque libre trésor de séve sucrée ou de miel.

D'abord l'abeille Christophe Colomb se rassasie du miel dont elle a fait trouvaille pour s'assurer qu'elle n'est pas dupe d'une apparence fallacieuse, et, aussi, pour s'attribuer la dîme qui lui revient à titre d'invention. Mais elle n'oublie pas ses compagnes ni la ruche-patrie; loin de là, après s'être gorgée, elle s'envole, elle s'oriente, volète deci delà pour faire une espèce de reconnaissance des lieux, puis elle cingle droit vers la ruche.

Arrivée au logis, elle s'arrête au seuil et respire tout essoufflée. Suivant l'ordre établi dans le royaume des abeillages, des gardes s'approchent, la touchent avec leurs antennes comme pour visiter son passe-port, constater son identité et se rendre compte de ses intentions. La courrière ailée est une amie, bon! et il y a des nouvelles importantes encore mieux! aussitôt les gardes s'éloignent et s'occupent de convoquer le ban et l'arrière-ban du royaume, ce qu'elles opèrent en frappant, avec cette espèce de main qui est le siége de leur toucher, toutes les compagnes qu'elles rencontrent. Bientôt la ruche entière s'émeut, les abeilles s'agitent, se heurtent ; la nouvelle venue est entourée, interrogée, palpée. Puis, quand tout le monde est prêt, elle se met en tête, elle quitte la maison suivie de toutes ses compagnes, et elle les conduit en droite ligne au lieu où elle a fait sa trouvaille.

Si le trésor est considérable, quelques abeilles se détachent et volent à la ruche, prendre du renfort et l'on s'empare en un clin d'œil des richesses qui viennent d'être découvertes.

Maintenant, voici l'appareil dont j'ai déjà parlé, *la ruche d'appartement.*

Cette ruche a été imaginée par M. de Frarière, elle se place dans un cabinet, dans un salon même où elle peut servir aux observations que l'on n'oserait risquer au milieu d'un rucher ni même auprès d'une ruche dont les abeilles sont libres.

Cette ruche repose, d'après les indications que je tiens de M. Frarière même, et que je reproduis presque textuellement ici, repose, dis-je, sur une console comme un livre dressé sur champ.

Dans l'épaisseur de la planche de côté, large de six centimètres, se trouve, au bas, une toute petite ouverture.

Les deux façades sont formées par des châssis vitrés hauts d'un mètre, larges de soixante-six centimètres.

Le vitrage doit être composé de plusieurs lames de verre posées dans le sens de la hauteur de la ruche, et séparées entre elles par de petites baguettes de bois sur lesquelles elles reposent, et qui servent aux abeilles pour faciliter leur ascension.

A la petite ouverture dont nous avons parlé, correspond un conduit formé d'un tuyau de fer-blanc d'un centimètre de diamètre ou simplement d'une canne de roseau, vide intérieurement.

Ce conduit, tuyau ou canne, traversera la muraille et communiquera à l'extérieur.

Les abeilles, lorsqu'elles auront une fois parcouru ce conduit pour se rendre dans les jardins voisins ou aux champs, sauront toujours reconnaître leur chemin pour y rentrer, quelque long qu'il puisse être.

Les châssis portant vitrage s'ouvriront entièrement, ils seront munis d'un volet à charnière.

On peut encadrer de fleurs et de feuillages la ruche à l'intérieur de l'appartement, et la trouée par laquelle le conduit débouche à l'extérieur.

Le travail doit être dirigé, afin que les abeilles ne s'avisent pas de faire une multitude de petits gâteaux qu'elles appuieraient contre les verres et qui nuiraient à l'observation.

Pour cela on n'a qu'à coller, au haut de la ruche, un morceau de gâteau.

A la partie supérieure du châssis, on pratiquera deux ou trois trous qui seront recouverts de petites cloches en verre destinées à recevoir la nourriture qu'on donne à l'essaim qui y déposera plus tard le surplus de sa provision de miel.

Ces cloches seront solidement fixées au châssis et recouvertes d'une enveloppe opaque afin que la lumière n'incommode pas les abeilles.

Voici la manière d'introduire un essaim dans une ruche d'appartement.

Quand on aura acheté ou recueilli un essaim, on le placera auprès d'un des châssis vitrés dont une des lames sera entr'ouverte, et, après avoir enduit avec un peu de miel la portion de gâteau sur laquelle on veut que les abeilles commencent leur travail, on ouvre le réceptacle où l'essaim est enfermé.

Les abeilles ne tardent pas à entrer dans la ruche ; on referme la lame de verre dès qu'elles sont toutes introduites. S'il en est de récalcitrantes, on les oblige à entrer en les fumant légèrement.

Dès que les abeilles sont dans la ruche, on leur livre un peu de miel ; mais on ne leur rend la liberté que lorsqu'on s'est assuré qu'elles ont commencé leurs travaux.

Pour leur rendre la liberté, il ne faut pas choisir le

commencement d'une belle journée, car dans ce cas elles s'échappent parfois et leur reine les suit ; il faut choisir un jour pluvieux, ou une heure ou deux avant le coucher du soleil. Vous les verrez alors s'empresser de profiter du premier moment qui termine leur réclusion, et, au premier signal que donne l'abeille qui a découvert une ouverture, se précipiter hors de la ruche.

Il n'est rien de plus intéressant que de voir les abeilles au milieu de leurs travaux. On ne peut qu'admirer le merveilleux édifice des ces insectes en calculant qu'il est le fruit de tant de peine et d'adresse et de patience. On ne peut qu'être ému en voyant de quelle tendresse les abeilles entourent les petites larves, quel respect elles témoignent à leur mère.

Au reste chacun pourra imaginer des expériences à son goût et qui serviront à dévoiler quelque nouveau trait de l'industrie miraculeuse de ces insectes que Virgile a chantés avec cette intuition du poëte, qui fait que, malgré toutes les négations de la science, ce qu'il a *vu* est la vérité.

CHAPITRE V

COMMERCE DES FLEURS

---

1. — Progrès de l'horticulture et de la floriculture dans les quatre-vingts dernières années.

C'est aux goûts charmants de l'horticulture qui envahit la France que nous devons la faveur dont jouit désormais l'art charmant de cultiver ces fleurs. C'est à ce noble engouement que nous devons ces profitables rivalités entre floriculteurs, grâces auxquels les jardins modernes étalent plus merveilleusement qu'à aucune autre époque leurs mirages de fleurs et de fruits.

Il est impossible d'imaginer comme, d'une année à l'autre, il y a, en horticulture, progrès et amélioration. En cinquante ans, il s'est opéré une révolution complète dans la culture des plantes d'ornement. Le parterre et la floraison d'automne ont été transformés en entier ; et que de richesses ont été conquises !

Qu'y avait-il dans nos parterres en 1807, il y a cinquante ans, pendant l'automne? quelques œillets d'Inde, des balsamines, des reines-marguerites, toutes fleurs que le premier rayon de soleil, succédant à une gelée blanche, réduisait à l'état de tabac à cigares. Ces trois ou quatre fleurs, avec l'humble réséda, et quelques rosiers du Bengale, avaient seuls le privilége de décorer le parterre pendant les derniers beaux jours. Nous n'avons rien rejeté de ce qui avait un mérite réel ; nous avons conservé les vieux chèvre-feuilles d'autrefois, les œillets d'Inde, tels qu'on les a connus il y a un demi-siècle, et les reines-marguerites, la fleur précieuse de cette époque ; les unes naines en petits bouquets excessivement doubles, les autres en pyramides d'une régularité irréprochable, telles que les perfectionne le célèbre Malingre.

Nous avons aussi les balsamines, qui faisaient fureur alors ; mais comme elles sont changées ! Leurs taches arrondies de couleur sur fond blanc, ou blanches sur fond de couleur, et l'ampleur de leurs co-rolles, larges comme une pièce d'argent de cinq francs, établissent leur parenté avec le Camellia, dont elles se sont adjoint le nom (*balsamine-camellia.*)

Là ne s'arrêtent pas les innovations horticoles qui datent de la paix d'Amiens, et qui y trouvèrent leur origine. En effet, sans la paix maritime nous n'aurions pas été dotés de *l'agérat bleu* du Mexique, ni du *Dahlia* du même pays, ni des *Fuchsia* de la Nouvelle-Grenade, ni des *pentstemon* de la Californie, ni des *mimulus* de la Caroline du Sud, ni des *lobélias* bleus de Surinam, toutes plantes si vulgaires maintenant, qu'on peut acquérir pour quelques centimes au marché des fleurs. Tous ces types, sont actuellement associés à un entourage de fleurs de la même famille ou dépassés par des variétés nouvelles-venues qui n'ôtent rien au mérite des anciennes. Quelques-unes ont été débaptisées; de ce nombre est la reine-marguerite. Un membre de l'Institut lui a imposé, je crois, le nom de *callistèphe*. Vous comprenez que personne ne s'avise de demander des callistèphes aux marchandes de fleurs.

La floriculture d'automne est maintenant très-riche; on remarque surtout les glaïeuls de Gand et d'Aremberg, les rosiers Sutherland, encore chargés de belles roses blanches à cœur couleur de chair, les jolies roses multiflores d'Amérique, présent fait à l'Europe par Noisette, et qui offrent aux regards toutes les nuances, comme les Dahlias : les uns tout à fait nains sous le nom de chrysanthèmes pompons; les autres, à tiges annuelles demi-ligneuses, véritables sous-ar-

brisseaux qui bravent très-bien les premières gelées
et dont les fleurs résistent en plein air jusqu'assez
avant en décembre.

Un très-joli effet a été obtenu sur les lilas de Perse :
on leur a donné une tête régulière et des rameaux
florifères plus uniformément distribués qu'ils ne les
émettent spontanément. On a obtenu cela par un procédé tout simple, dû à M. Hardy, qui s'est avisé,
comptant à bon droit sur la vigueur de la séve des
lilas, de tailler les arbres en vert aussitôt après la
floraison et de supprimer, à la seconde séve, tous les
rameaux superflus ; le résultat a été un plein succès.

Les fruits ont aussi leur part aux progrès horticoles,
et, depuis un demi-siècle, il s'est opéré dans cette
partie de vrais miracles. On peut en voir les brillants
et succulents produits chez tous les fruitiers de Paris ;
on s'y assurera qu'à côté de nos vieilles gourman-
dises, les crassanes, les Saint-Germain et les bons-
chrétiens, resplendissent d'excellentes conquêtes,
plus modernes, les Joséphine de Maline, Clairgeau et
une foule d'autres non pareilles, variétés dues à des
semis heureux. Rendons aussi justice au chou-fleur
Lenormand et à quelques choux coniques parfaits,
ainsi qu'au délicieux chou à jets ou *spruyt* qu'on
obtient actuellement à Paris aussi bon marché qu'à
Bruxelles.

Notons que déjà on a remarqué l'influence que la

facilité des transports a effectuée sur les arrivages dans
les grands centres, dans le Nord et à Paris, des fruits
du Midi qui sont bien plus beaux, bien plus savoureux
et parfumés que tout ce que l'artifice horticole produit dans les contrées arides et brumeuses du Nord.
La culture des arbres fruitiers est dès à présent en
voie de progrès immense sur tout le littoral français
de la Méditerranée et tout le long des Pyrénées. Le
miel estimé de ces contrées, celui de Narbonne notamment, devient l'objet d'une exploitation bien plus
sérieusement organisée. Nous gagnerons tous à ce
nouvel échange entre le Nord et le Midi.

§ 2. — Commerce des fleurs.

Naturellement le commerce des fleurs a grandi avec
ce goût général pour la floriculture. La statistique
constate que, pendant les cinq mois d'hiver, les marchés
aux fleurs seuls vendent par chaque jour de marché
environ cent cinquante mille francs de fleurs, et que
le commerce des fleurs à Paris s'élève à un mouvement annuel de vingt-huit à trente millions dans lesquels les cinq ou six millions que les pharmaciens
payent aux cultivateurs de roses ne sont pas compris

par la raison qu'il s'agit ici des fleurs vivantes vendues sur pied ou en bouquet et non des boutiques d'apothicaire.

Le commerce des fleurs a pour objet les fleurs coupées et en bouquets ou les fleurs sur pied. L'allée que côtoie le marché des Innocents et que l'on nomme la rue aux Fers est réservée au commerce des fleurs coupées. Là, tous les matins, de quatre à sept heures, s'amoncellent les branches qui sont la matière première avec lesquelles les bouquetières parisiennes composent de véritables œuvres d'art.

La veille des grandes fêtes de famille les apports sont considérables, et la fête de certains patrons, dont les noms sont populaires : Marie, Pierre, Jean, etc., sont un vrai pactole pour les jardiniers fleuristes. Ce jour-là, le commerce en plein vent débite en moyenne, dans les rues de Paris, cinq cent mille francs de bouquets.

Les bouquetières parisiennes ne connaissent pas de rivales au monde, et nos bouquets sont transportés par les chemins de fer, non-seulement dans nos départements, mais jusqu'en Angleterre, en Russie et dans le nouveau monde, avec les fleurs sur pied et les plantes de toute espèce qui sortent de nos grands magasins et de nos serres. C'est qu'à Paris on sait produire les fleurs, les perfectionner et les inventer, et, lorsque les fleurs étrangères, qui sont arrivées chez nous à l'état de nature, retournent dans leur patrie, elles sont embellies, civilisées, en un mot, *parisiennes.*

Les bouquetières se sont multipliées à l'infini dans Paris. Toutes les grandes rues en sont fournies. Les abords des théâtres, des bals, des concerts , de tous les lieux de plaisir et d'exercice, ont, en outre, leurs bouquetières locomobiles.

§ 3. — Marchés aux fleurs.

De tous les marchés de Paris les plus attrayants, sans contredit, sont les marchés destinés au commerce des fleurs. Ils sont plutôt des promenades que des marchés. Il s'en exhale les plus doux parfums, et nous en avons bien besoin pour contrebalancer les miasmes infects que l'on respire partout dans Paris et qui, dans notre idéale et tant vantée capitale, s'exhalent de chaque rue, de chaque porte, de chaque fenêtre.

La physionomie générale des marchés aux fleurs est simple. On y entend les ruissellements des fontaines jaillissantes, et ils sont composés de tentes mobiles disposées en allées. Sous cet abri est tout un monde de plantes, d'arbustes, de bourriches regorgeant de jeunes élèves, de vases pleins de terreau, de pots et de caisses de fleurs, débordant de tous côtés, suintant l'humidité dont on les sature pour maintenir leur fraîcheur, et toutes frissonnantes à l'air vif, dont la serre les préserve habituellement. Là, tout est frais, éclatant, gracieux, parfumé ; là, la grisette du quartier, les visiteurs et les chalands portent sur leur visage un reflet de la marchandise qu'ils convoitent ; ils sont riants, ouverts, épanouis ; l'atmosphère est suave et embaumée, et l'œil est partout caressé par les merveilleux tapis aux mille couleurs dont les gracieuses richesses improvisent un parterre ravissant et toujours renouvelé. On voit errer devant ces étalages des acheteurs de toute classe, de toute condition, — le pauvre ouvrier qui marchande, pour sa femme ou pour sa fille, une fleur de prix modique, — la couturière folâtre qui achète un frêle rosier pour égayer sa chambrette obscure et son travail solitaire, — l'amateur qui cherche l'occasion d'une comparaison horticole, — les belles dames qui viennent choisir ces fleurs favorites qui doivent garnir les porcelaines de leur cheminée et la jardinière en bois de leur boudoir, — les désœuvrés que ces expositions riantes délassent de tant de murailles grises et ternes qui dérobent toute l'année à leurs yeux le spectacle de la nature, et de ce ciel de fer-blanc où ne monte jamais un soleil resplendissant et fidèle. Çà et là s'agite et tourbillonne plus d'un pauvre papillon qui, la veille, s'est endormi dans les fleurs destinées à la vente et qui, tout endormi encore, a été, le matin, emporté à la ville ; il s'éveille avec le soleil, il veut reprendre ses courses folles, mais, au milieu de la foule, il court tout éperdu, il s'oriente difficilement parmi les fleurs sans cesse changées de place, et devient le plus souvent la proie de quelque enfant mutin, qui convoite cette fleur vivante.

Sur les marchés aux fleurs, on ne vend guère que les fleurs sur pied. Cette vente des fleurs sur pied se fait pendant toute la durée de la semaine en plusieurs endroits de Paris. Le premier marché est établi près du Palais de Justice, au quai-aux-Fleurs. Il a lieu le mercredi et le samedi. C'est le plus achalandé et celui où il se fait le plus d'affaires. C'est là que s'approvisionnent les revendeuses qui fournissent les autres marchés et ceux de la banlieue ; pour s'y fournir en premier choix et à bon prix, il faut s'y rendre de très-grand matin, en même temps que les revendeuses.

Pendant longtemps il a été le seul marché aux fleurs de Paris, et il a encore gardé, avec sa vieille renommée classique, sa physionomie distincte : c'est celui du *quai-aux-Fleurs*, à côté du sombre Palais de Justice : la riante *Flore* auprès de l'austère *Thémis*. Sur ce quai embaumé, il y a autant, à coup sûr, de va-

riétés d'acheteurs que de variétés de plantes; et les
choix divers des chalands, pour qui sait observer,
dévoilent les pensées et les désirs qui les agitent. Je
connais un mauvais plaisant qui prétendait que l'a-
vocat, avant d'aller endosser la toge où se drape le
défenseur du tuteur rapace aussi souvent que le défenseur de l'orphelin dépouillé, y vient cueillir des
fleurs de rhétorique en admirant des boutons-d'or,
tandis que son client s'arrête tristement devant un
souci. Voici un agent de change qui vient acheter des
caisses où fleurit le fastueux Dahlia qui doit orner le
balcon de sa femme le jour de sa fête, en détournant
les yeux du Camellia, cette fleur suspecte qui se cache
elle-même, comme si elle avait honte de la mauvaise
renommée que le jargon contemporain lui a im-
posée. Jenny l'ouvrière choisit l'humble pot de violettes qui, posé sur sa fenêtre, doit embaumer sa mansarde, comme le chante la romance :

> C'est le jardin de Jenny l'ouvrière :
> Elle pourrait être riche, et préfère
> Ce qui lui vient de Dieu.

La cantatrice des Italiens, pour être sûre de son fait,
vient faire composer ici l'énorme bouquet qu'un admirateur à ses gages jettera à ses pieds, après le
grand morceau du troisième acte, et qu'elle ramas-
sera en rougissant comme une pivoine.

Le *quai-aux-Fleurs* règne encore, mais il n'a pas gardé son privilége exclusif; un autre parterre, soi-disant plus aristocratique, est visité par le monde prétendu élégant, dans la Chaussée-d'Antin, et déroule sur l'asphalte qui borde l'ex-temple de la Gloire, aujourd'hui église de la Madeleine, et dans les arcs copiés sur temple grec, ses horizons d'arbres et de fleurs ; ce marché se tient le mardi et le vendredi.

Deux autres marchés se tiennent le lundi et le jeudi sur la place Saint-Sulpice et sur le boulevard Saint-Martin à l'entrée du boulevard du Temple près du Château-d'Eau.

Là où il y a de l'eau, il faut bien qu'il y ait des fleurs : c'est peut-être pour cela qu'on a créé le nouveau marché aux fleurs du Château-d'Eau à l'autre extrémité du boulevard où est la Madeleine et où il se fait beaucoup plus d'affaires qu'au marché de la Madeleine.

Le marché aux fleurs du Château-d'Eau est un marché modeste, naïf, sentimental. C'est le marché préféré du *tourlourou*, ce dernier mainteneur de la chevalerie française, qui reste plus d'une heure avant de faire son choix, et plus de temps encore pour oser l'offrir à la payse. C'est là qu'accourt, au sortir de l'atelier, la bande joyeuse et agaçante des ouvrières ! Hélas ! les ouvrières ont plus de roses dans les mains que sur les joues ; il fait bien pâlir, le travail de l'atelier, et l'on comprend qu'au sortir de cette atmosphère délétère on aime à respirer la pure odeur des résédas ou des giroflées, ces premières-venues du printemps.

La banlieue a aussi ses exhibitions de fleurs qui se tiennent simultanément avec les marchés ordinaires; outre les fleurs, on y trouve abondamment tout ce qui est nécessaire à la culture des jardins d'agrément, potagers et fruitiers, si nombreux autour de Paris.

Des ventes de fleurs permanentes se sont aussi établies aux abords des cimetières, devant les boutiques des entrepreneurs des monuments de deuil, entre les appareils funéraires et les couronnes d'immortelles.

L'une des plus nombreuses industries en plein vent qui s'exercent dans Paris avec profit, c'est celle du commissionnaire fleuriste ; il est médaillé comme son confrère du coin de rue. Mais le monsieur du coin de rue ne considère le commissionnaire fleuriste qu'avec mépris, ce que l'autre lui rend, et il ne l'a distingué jamais que sous le nom de porte-pot.

Ce porte-pot est bien nommé, on l'aperçoit dans les marchés vaguer à travers la foule dont il se distingue par sa plaque brillante et par sa charge embaumée.

D'ordinaire le porte-pot est un Limousin, un Auvergnat ou un Alsacien, qui emboîte le pas derrière tout promeneur ou toute promeneuse; les cernant de tout côté, et les déclarant en état de blocus, ne plus ne moins que s'il s'agissait du port de Venise et de ses issues. Il ne vous quittera pas qu'il n'ait obtenu l'insigne honneur, sollicité d'abord par le regard, puis par le geste, enfin par la parole, parole polie et séduisante, l'honneur de porter votre fardeau, uniquement par complaisance et pour vous en éviter la peine; si vous avez ou si vous prenez sur le quai une voiture, cela l'affligera. Il serait fier de vous accompagner, et même, et surtout, de porter à domicile. Il est discret, d'ailleurs, et, Dieu merci! comme ses fleurs, il ne parle pas; il ne diminuera donc pas le plaisir de la surprise. C'est le messager de Flore, à quinze sous la course!

§ 4. — Conseils aux acheteurs.

On reproche avec raison aux marchandes de fleurs de « surfaire » et de mettre à profit la naïveté des acheteurs novices ; toutefois il faut remarquer que rien n'est fixe dans le prix des graines, des plantes ou des fleurs. Telle fleur splendide, épanouie, riche de couleur et de parfum, est livrée à vil prix ; telle autre, pâle, non odorante et qui n'a rien qui attire, n'est cédée qu'à des prix fabuleux. La seule raison en est que celle-ci est moins commune, et que sa culture est plus difficile et plus coûteuse.

Puis, il y a des différences d'appréciation difficile : ainsi pour les greffes et pour les oignons recherchés, surtout par les horticulteurs des fenêtres, des serres d'appartement et des petits jardins, à quels signes extérieurs reconnaître la source dont ils émanent et la variété de fleurs qu'ils doivent produire? Cependant, la valeur d'un oignon peut varier de 25 centimes à 4 ou 500 francs. Il est, par exemple, telle plante, le Dalhia entre autres, dont les variétés sont devenues si nombreuses, qu'il est presque impossible de ne pas les confondre, malgré l'usage généralement adopté de les désigner par des noms et des numéros. Ces genres nouveaux se propagent rapidement. En deux ans, la variété rare est vulgarisée, et les commerçants sont obligés de la négliger et de la remplacer par de nouveaux semis ; cependant, parmi ces anciennes variétés, il en est qu'aucune nouveauté ne pourra jamais remplacer et que plus d'un amateur regrettera.

Voilà donc une sorte de fleur que sa vulgarisation aura fait rejeter, et dont l'acquisition, néanmoins, sera d'un prix énorme, tandis que telle nouvelle variété arrivée d'Angleterre ou d'Allemagne, au milieu de bulletins de triomphe et par quantités incalculables, se vendra à bas prix. Ces apparentes contradictions sont rationnelles ; néanmoins, quand elles ne sont pas expliquées, elles autorisent chez vous, chaland, une défiance qui, à bon droit, peut être systématique.

La mauvaise foi profite de tout. Par exemple, les dénominations sont parfois des causes d'erreurs. Un jeune étourdi, se trouvant à Lyon sur le quai avec un Lyonnais, lui demanda : « Comment appelez-vous ça. — C'est le Rhône, lui répondit-on. — Tiens, c'est drôle ; à Paris nous appelons ça la Seine. » Telles fleurs en effet changent de noms en changeant de pays. Vous demandez ceci, on vous donne cela. La marchande n'a pas tort, si elle a su vous duper et si, quand vous demandez une Orchidée, elle vous vend un vulgaire Camellia.

Vous êtes bien averti. Les marchandes de fleurs n'y regardent pas de si près. Une femme dont le mari venait de tomber en apoplexie courut vite chercher un médecin et lui dit que son mari était en sicope. « Vous voulez dire en syncope, demanda le médecin. — Ma foi, *six copes, cinq copes*, je ne sais pas ; en tout cas ça ne fait qu'une cope de plus ou de moins. Venez le tirer d'affaire. » Plante vivante, plante moribonde, peu importe à votre marchande ce qu'elle vous livre, vous la payez bien, vous vous laissez tromper, tant pis pour vous.

Quant à la fraîcheur ou à la rareté de la graine à vendre, la marchande y tient également fort peu. Vous savez l'histoire de ce maire de village à qui l'on présentait un enfant âgé de trois ans dont on avait omis de faire l'inscription sur le registre de l'état civil. Le maire, fidèle à sa routine habituelle, l'inscrivit ainsi : « Aujourd'hui est né un enfant âgé de trois ans. »

Voilà un miracle, gardez-vous lorsque vous achetez des graines, que votre marchand fleuriste ne le renouvelle pour vous. Graine d'aujourd'hui, graine d'il y a cent ans, ce leur est tout un ; aussi y a-t-il marchand et marchand, et puis il y a graine et graine. Mais vous êtes averti, tenez-vous sur vos gardes.

Quant au prix, il varie, vous le savez très-bien, du tout au tout. Un sou et un million sont le prix d'une même fleur; hier elle valait le million, aujourd'hui on vous la donne pour rien.

L'histoire des tulipes est féconde en accidents de ce genre.

Ce fut de 1634 à 1637 que la tulipomanie exerça son influence dans la Hollande. Les tulipes y montèrent à des prix énormes et enrichirent beaucoup les spéculateurs. Les fleuristes estimaient surtout les quelques espèces auxquelles ils donnaient des noms particuliers. L'espèce la plus précieuse, c'est celle qu'on nommait *Semper augustus* : on l'évaluait à deux mille florins ; on prétendait qu'elle était si rare, qu'il n'existait que deux fleurs de cette espèce : l'une à Harlem, l'autre à Amsterdam. Un particulier, pour en avoir une, offrit 4,600 florins et en sus une belle voiture avec deux chevaux et tous les accessoires ; un autre céda pour un oignon douze arpents de terre·

La passion pour les tulipes tournait la tête à tout le monde ; un parterre de tulipes était le plus grand trésor qu'on pût avoir et valait autant qu'un magnifique château.

On raconte qu'un matelot, ayant apporté des marchandises à un négociant qui cultivait des tulipes dans son jardin pour ses spéculations, reçut de celui-ci pour déjeuner un hareng avec lequel le matelot s'en alla. En chemin notre homme aperçut des oignons dans le jardin, et croyant que c'étaient des oignons communs il entra à la cuisine, les accommoda et les mangea tranquillement avec son hareng. Un domestique, qui le vit, courut avertir le négociant, qui arrive, reconnaît les oignons de ses tulipes et s'écria dans son désespoir :

« Ah ! malheureux, ton déjeuner me ruine, j'en aurais pu régaler un roi. »

Pourtant il existe un préjugé qu'il est juste de combattre.

Pour faciliter l'écoulement des arrosages surabondants, on ménage un trou dans le fond des pots de fleurs ; c'est un vrai drainage ; mais, pour éviter que cet écoulement trop rapide appauvrisse la terre, on pose, entre le trou et la terre, un fragment de tuile ou d'écaille d'huître.

En outre, si la plante que l'on empote, redoute l'humidité, on étend au fond du pot une légère couche de plâtras ou de tessons de poterie. Cette méthode, suivie par les plus habiles jardiniers, a donné lieu de croire que les marchands fleuristes garnissent de chaux le fond de leurs pots, dans le but frauduleux de procurer aux plantes une florescence prématurée, et aussi de préparer la mort des plantes vendues et de forcer ainsi l'amateur à les remplacer.

Cette accusation, comme on voit, est injuste.

Si l'on veut acheter des fleurs à un prix modéré, il faut se résigner à l'ennui d'une petite étude préalable. En général, on doit ne demander que de très-bons plants, visiter les horticulteurs spéciaux, former son choix, interroger beaucoup, comparer les qualités et les prix, puis, enfin, après plusieurs essais, s'arrêter à une marchande que l'on aura éprouvée, se faire connaître d'elle et lui être fidèle, sauf à conserver toujours un peu de défiance, sans en rien laisser voir, lors même qu'on la surprendrait, au commencement, faisant maladroitement de petits signes à quelque acheteur qui vous coudoie, et qui, lorsque vous serez parti, obtiendra pour peu de chose ce que l'on vous fait marchander sans pitié.

L'amateur doit toujours demander le nom exact de la plante achetée et des conseils sur les soins spéciaux qu'elle réclame. Rentré chez lui, il consultera des li-

vres techniques, et il arrivera ainsi à faire du jardinage sans trop de maladresse.

Quant aux commissionnaires, l'acheteur le prend à
son gage, ou bien il fait prix avec le marchand à la
fois pour l'emplette des fleurs et pour leur trans-
port.

Ce dernier mode, usuel pour les forts achats,
est une économie, les marchandes ayant toujours
leurs commissionnaires affidés.

Pour les poteries, les instruments de jardinage,
les serres d'appartements, il faut s'adresser aux boutiques spéciales.

Les ornements pour jardins, soit en fer, soit en
poterie, se trouvent en fabrique, rue de la Roquette.

La décoration rustique, au moyen du fer, occupe
une usine de la rue de Saint-Cloud, et a un dépôt rue
Richelieu. Pour les collections de fleurs et les nou-
veautés que l'on voudrait posséder dès leur apparition,
le mieux est de s'en rapporter aux horticulteurs.

Voilà quel est le commerce des fleurs à Paris. A
Londres il est dix fois plus important. Dans toutes les
grandes villes ce commerce est très-largement organisé. Lyon, Bordeaux, Toulouse, Marseille, Rouen,
sont peuplés d'horticulteurs émérites et dont la célé-
brité, surtout lorsqu'elle est spéciale, gagne toute
l'Europe et même l'Amérique.

§ 5. — Conservation des plantes et des fleurs.

Parmi les plantes que vous soignez, ces fleurs qui sont nées entre vos mains, il en est quelquefois de très-réussies, ou qui sont exceptionnellement développées, coloriées, bref des raretés.

Quelquefois aussi un souvenir s'y rattache dans votre cœur, et dans ces cas vous tenez à conserver la plante ou la fleur qui vous est chère.

Il est donc opportun de parler ici de la conservation des plantes ou des fleurs.

On prend du grès en poudre, on le tamise pour en extraire la poussière la plus fine, puis on le passe à travers un second tamis à mailles plus larges pour avoir du sable en grains à peu près égaux. On met ce sable dans une bassine arrondie par le fond, que l'on place sur le feu. Le sable est agité constamment et porté à une température de 150 degrés ; puis on ajoute pour chaque 25 kilogrammes de sable, un mélange de 20 grammes d'acide stéarique et 20 grammes de blanc de baleine. On mélange et brasse le tout, et l'on retire la bassine du feu. Quand le mélange est refroidi, on le froisse de telle sorte, que chaque grain de sable soit également graissé.

On met alors une couche de ce sable dans une caisse à fond en coulisse et mobile, et sur lequel se trouve disposé un grillage en fer à larges mailles. Sur ce sable, qui doit recouvrir complétement le grillage, on dispose les plantes, on étale leurs feuilles et on monte leurs fleurs dans du sable que l'on ajoute en le versant avec précaution, de manière que la plante soit complétement couverte et non pressée.

La caisse ainsi préparée est soumise, dans une étuve ou dans un four, à une chaleur de 40 à 45 degrés. La dessiccation s'opère promptement. Quand elle est terminée, on retire l'appareil et on fait glisser sans saccade le fond de la caisse, qui, comme il a été dit, est à coulisse et doit pouvoir s'enlever avec facilité.

Le sable qui est sur le grillage, n'étant plus soutenu, est doucement criblé à travers les mailles, et laisse seule la plante qui reste fidèlement disposée de la manière qu'on l'avait placée dans le sable.

Il reste toujours un peu de sable sur la plante et sur les feuilles ; il suffit d'épousseter celles-ci avec une brosse à blaireau ou de tapoter à petits coups la base de la tige pour faire tomber tout ce qui peut salir la plante desséchée.

Cette préparation et cette conservation des plantes

et des fleurs ne présentent aucune des défectuosités que l'on rencontre dans les autres systèmes. Elle est due à MM. Réveil et Berjot.

Les fleurs blanches gardent leur aspect mat, les fleurs jaunes ou bleues leurs nuances, les fleurs rouges et les fleurs violettes se foncent légèrement.

§ 6. — Le fruitier et la conservation des fruits.

La conservation des fleurs nous servira de transition à la conservation des fruits, qui seront d'autant plus précieux qu'on les aura cultivés soi-même. En tout cas, il est bon d'avoir toujours un fruitier, sans quoi point de dessert pendant la plus grande partie de l'année.

Pour conserver les fruits, il faut que l'on obtienne dans le fruitier plusieurs conditions, qui sont :

Température de 9 à 10 degrés au-dessus de zéro et égalité de température ;

Protection contre l'action de la lumière, absence de communication entre l'atmosphère extérieure et l'atmosphère de la fruiterie, et absence complète d'humidité, état sec maintenu constamment ;

Exposition au nord sur un terrain élevé et sec ;

Disposition des fruits telle qu'ils ne se pressent pas mutuellement et qu'ils ne subissent même pas, s'il se peut, leur propre pression.

La quantité des fruits qu'on veut conserver détermine la dimension du local.

Le plancher doit dominer le sol environnant, pour que les eaux de pluie ne puissent s'accumuler dans le sol placé près des murs ou s'infiltrer dans la fruiterie ; le sol que côtoie les murs sera ménagé en pente et construit en ciment.

M. Dubreuil conseille d'entourer la fruiterie de deux murs, laissant entre eux un espace vide et continu.

Cette couche d'air interposée entre les deux murs est, dit-il, un excellent moyen de soustraire l'intérieur à l'action de l'atmosphère extérieure. On les construit avec une espèce de mortier ou pisé formé de terre argileuse, de paille et d'un peu de marne. Cette maçonnerie ne coûte pas cher et elle est mauvaise conductrice de la chaleur.

Afin qu'on puisse voir tous les fruits rangés sur les tablettes, on donne à celles qui sont le plus élevées une inclinaison qui sera d'autant moins déclive que l'on descendra davantage, jusqu'à ce qu'arrivées à hauteur de la vue elles se trouvent placées horizontalement.

Afin que l'on puisse circuler de bas en haut, entre les tablettes, on laisse libre la partie postérieure de chacun des gradins qui divisent les tablettes déclives et qui sont, comme les bancs d'amphithéâtre, chargés de soutenir les fruits ainsi placés d'équerre, terme de pratique.

Pour gagner de l'espace, M. Villermoy a proposé de construire un fruitier pyramidal qui peut rendre de grands services surtout dans Paris où l'espace fait toujours défaut.

On construit ce fruitier au moyen d'une pièce de bois taillée, carrée sur ses quatre faces en hauteur et dont les extrémités sont terminées en forme de toupie et garnies d'un pivot de fer ou d'acier.

Sur les quatre faces de cette pièce, on établit de bonnes consoles solides, superposées à 30 centimètres de distance les unes des autres, ayant les bras longs de 40 à 50 centimètres.

Sur ces consoles, on place des rayons circulaires revêtus de rebords en fer-blanc ou en zinc. La pyramide achevée ressemble à un axe traversant plusieurs roues.

Le pivot d'en bas porte sur une cuvette en cuivre fixée au sol ; celui de la partie supérieure est retenu par une cuvette semblable fixée au plafond : ainsi, au moindre mouvement, la pyramide tourne sur elle même. Cette facilité de tourner permet de ranger les fruits et de les visiter sans qu'on soit obligé de monter ou de descendre à tout instant les degrés de l'échelle, qui est retenue par deux crochets à une tringle de fer fixé au plafond.

Pour combattre l'humidité dans le fruitier, on peut employer avec avantage le chlorure de calcium.

Ce sel, dit M. Dubreuil, est d'un prix modique et a la propriété d'absorber en humidité le double de son poids, ce qui le rend préférable à la chaux vive. Pour l'employer, on construit une caisse de bois doublée de plomb, présentant une surface de 50 centimètres carrés et une profondeur de 10 centimètres. On la pose sur une petite table en pente. On réserve sur une des parties de la caisse une ouverture avec déversoir. L'appareil placé dans la fruiterie, on y répand du chlorure de calcium bien sec, en morceaux poreux et non fendus : le sel absorbe l'humidité ; puis, à mesure qu'il se liquéfie, il s'écoule dans le déversoir et tombe dans un vase en grès placé au-dessous ; on renouvelle le chlorure à mesure qu'il est consommé.

Le liquide qui résulte de cette opération doit être soigneusement conservé dans les vases de grès couverts avec soin jusqu'à l'année suivante. A cette époque, lorsque la fruiterie est de nouveau remplie, on verse ce liquide dans un vase de fonte, on le place sur le feu et l'on fait évaporer jusqu'à siccité. Le résidu est

10.

encore du chlorure de calcium, que l'on peut employer chaque année de la même manière sans nouvelle mise de fonds. Il suffit environ de 20 kilogrammes de ce sel, employé en trois fois, pour enlever à la fruiterie toute l'humidité nuisible.

CHAPITRE VI

LA PISCICULTURE ET LES PLANTES AQUATIQUES DANS L'APPARTEMENT

———

1. — La pisciculture.

Nous n'aborderons pas ici la pisciculture, c'est une trop grave question. Pour ce qui en a été fait comme réduction aux plaisirs de l'appartement, ce que nous avons à en dire suffira, nous l'espérons, pour donner l'idée nette et précise de la question et des plaisirs qu'on en peut retirer dans la culture familière opérée dans la maison.

Les poissons utiles, outre ceux que l'on élève, sont obtenus par la pêche. Ils trouvent une subsistance assurée sur nos côtes et ils servent de nourriture aux

populations. Ce sont les harengs, les sardines, les
thons, les anchois, les morues, etc.

Toutes les richesses alimentaires que l'homme peut
se procurer par la pêche sont exploités avec soin. Chaque
année la France envoie jusqu'à 20,000 matelots, l'Angleterre, 30,000, la Hollande, l'Amérique à peu près
autant, à la pêche de la morue sur les côtes de Terre-
Neuve et d'Islande. Là des *bancs de morue* occupent une
étendue de mer de plus de cent lieues de long, sur
cinquante de large. On en prend des quantités considérables avec les plus grossiers appâts, tant la voracité de ce poisson est grande ; il suffit d'un morceau
de chiffon à l'extrémité d'une baguette, et, avec des
piéges aussi simples, il n'est pas rare qu'un pêcheur
prenne six cents morues par jour. La pêche faite, on
les prépare sur les lieux mêmes, c'est-à-dire qu'on les
vide, on leur coupe la tête et on les sale, pour les
expédier dans les diverses parties de l'Europe. Voilà,
certes, une industrie qui mérite qu'on en tienne compte,
qui a droit d'avoir sa place dans une exposition. Elle
emploie des milliers de bras, elle emploie des milliers
d'hommes ; mais les harengs, les sardines, les maquereaux ne sont pas moins dignes d'intérêt. Sortant du
fond des mers, on les voit apparaître au moment du
frai et successivement de mai en octobre sur les côtes
de l'Angleterre, de la France, de l'Amérique et de
l'Asie, où ils séjournent jusque vers la fin de l'hiver.

Au dix-septième siècle les Hollandais et les Frisons avaient le monopole de la pêche des harengs, ils y employaient 2,000 bâtiments et 1,000,000 de pêcheurs. Aujourd'hui les Américains, les Anglais, les Français tout les peuples dont les harengs visitent ces rivages, s'adonnent à cette pêche qui constitue une des branches importantes de leur commerce. En France seulement, nous y employons environ 400 bâtiments, montés par 5,000 marins; et cette pêche ne rapporte pas moins de 4,000,000 de francs; en Hollande, elle donne un revenu d'un milliard. Les harengs s'étendent sur plusieurs lieues carrées, entassés régulièrement sur 30 mètres de profondeur. L'eau paraît alors tout en feu; les scintillations phosphorescentes des poissons ajoutent encore à la vivacité de ces tableaux. Tous les peuples riverains ont même des expressions synonymes pour désigner ce phénomène; nos pêcheurs l'appellent l'éclair de hareng. On les enferme dans un filet perpendiculaire, à travers les mailles duquel ils se prennent comme à un gibet, et se fixent d'autant mieux qu'ils se débattent davantage. Quelquefois le filet se rompt sous leur poids, tant ils sont nombreux, et le bruit qu'ils font est semblable à celui de la pluie. Chaque bateau, monté par seize hommes, en prend plus de cent mille en moins de deux heures. On les mange frais ou on les fume, on les sale, et ce sont ces diverses transformations qui ont donné

une si grande extension à cette pêche. Les sardines ne
sont pas moins nombreuses ni moins utiles ; on les
pêche de la même manière et on les sale. Un seul coup
de filet en donne jusqu'à quarante tonneaux, et la Bretagne seule trouve dans cette pêche un revenu de deux
millions. Les anchois, qui sont un des hors-d'œuvre les
plus répandus et les plus goûtés, donnent aussi lieu
à un commerce considérable. On les prend sur les rivages de la Méditerranée et de l'Océan à partir de la
fin du printemps. La pêche est des plus pittoresques ;
dès que les anchois se montrent, les bateaux s'éloignent du rivage, et, pendant la nuit, les pêcheurs allu-
ment de grands feux, les anchois arrivent en foule autour des bateaux. On lance les filets, on les cerne, et,
les feux éteints, on fait un grand bruit qui les effraye.
Ils se sauvent de tous côtés et se prennent dans les
mailles ; il ne reste plus alors qu'à retirer les filets
chargés.

La pêche du thon date de la plus haute antiquité ; elle a été une source de richesse pour Byzance
et l'Espagne ; aujourd'hui elle se fait en Sicile, en
Sardaigne et en Provence. On peut se faire une idée
des profits qu'elle rapporte en pensant qu'un seul
coup de filet peut donner de 2 à 3,000 quintaux de
thons. Avec de si puissants moyens de destruction et
une poursuite si acharnée de la part des hommes, on
se demande comment les espèces ne disparaissent pas.

Il faut répondre que la fécondité des animaux est proportionnée aux causes qui peuvent les détruire. On peut observer l'action de cette loi chez les animaux ; on peut aussi l'étudier dans les familles humaines qui habitent des climats insalubres. A mesure que les chances de mort deviennent plus nombreuses, le nombre des naissances s'élève ; et, soit parmi les animaux, soit parmi les hommes, les races les plus fortes, les mieux nourries, ne sont pas celles qui pullulent le plus ; indifférente pour les individus, la nature prend soin avant tout de conserver les espèces. Lorsqu'on observe la fécondité des poissons, on ne conçoit plus de craintes sur la disparition des espèces les plus poursuivies par l'homme. Qu'il nous suffise de dire que le hareng donne de soixante à quatre-vingt mille œufs par ponte, et qu'à l'époque du frai, on dirait que la surface de la mer est saupoudrée de sciure de bois. L'esturgeon ne donne pas moins de un million cinq cent mille œufs, et la morue, chose incroyable, atteint le nombre fabuleux de neuf millions d'œufs. Tout a été prévu, les vagues de la mer furieuse peuvent en rejeter sur les plages, l'homme et les animaux peuvent détruire des millions d'individus, les mers nous en rendront encore.

Cependant, si la fécondité de certaines espèces empêche qu'elles ne soient détruites, et que, par suite, l'homme ne soit privé d'une nourriture abondante

il en est d'autres dont on doit assurer le développement, et c'est le but de l'empoissonnement des eaux
par la fécondation artificielle. De nos jours la pisciculture produit des résultats assez remarquables pour que
nous devions en dire un mot. C'est vers le milieu du
dix-huitième siècle qu'il en est question pour la première fois, et c'est le saumon qui par ses mœurs curieuses et sa reproduction a donné l'éveil aux premiers
hommes qui s'en sont occupés. Les saumons ont, en
effet, des habitudes spéciales qui sollicitent la curiosité. Ce sont des poissons voyageurs qui émigrent
comme certains oiseaux. C'est au printemps qu'ils pénètrent de la mer dans les fleuves, les rivières, les
ruisseaux et jusque dans les petits cours d'eau. Ils nagent avec une telle rapidité, qu'ils parcourent quelquefois huit mètres par seconde, presque la vitesse
d'un chemin de fer. Aucun obstacle ne les arrête ;
qu'il se présente une chute, et le saumon, saisissant sa
queue avec sa bouche, forme un arc qu'il détend
tout à coup en frappant la surface des eaux ; il rebondit comme une balle élastique à plusieurs mètres de
hauteur, c'est ainsi que les saumons arrivent jusqu'aux
sources où ils déposent leurs œufs ; ils redescendent
ensuite à la mer affaiblis par la ponte et le voyage. Les
œufs, fécondés par les mâles, donnent naissance à de
petits saumons, qui croissent assez rapidement et descendent bientôt les fleuves jusque dans l'Océan, où

ils rejoignent leurs aînés. Chaque année, comme les hirondelles, les mêmes saumons reviennent aux mêmes rivages, remontent les mêmes ruisseaux. Deslandes en fit l'expérience sur douze saumons, de la rivière d'Auzou en Bretagne. Il mit un anneau de cuivre à chacun d'eux; il les vit successivement disparaître et revenir l'année suivante. C'est à l'époque du frai qu'on pêche les saumons; on leur tend mille embûches dans les ruisseaux qu'ils parcourent et on les prend en grand nombre surtout dans le nord de l'Angleterre et de l'Écosse, où ils constituent, à l'état de saumons frais, fumés ou salés, une branche très-étendue du commerce d'exportation. La culture du saumon ou de sa sœur la truite, oubliée pendant près de cinquante ans, a été de nouveau l'objet d'expériences curieuses de 1837 à 1838. Un pêcheur des Vosges, Remy, obtint quelques succès et reçut une récompense et des encouragements d'autant mieux mérités qu'il ne s'était aidé dans ses recherches d'aucun secours extérieur, ignorant les expériences faites avant lui par les savants. Maintenant la pisciculture possède une chaire au Collége de France, et un professeur, M. Coste, qui s'est déjà signalé par des succès constatés.

Il est opportun que nous indiquions les résultats piscicoles déjà obtenus, notamment pour le renouvellement de nos côtes maritimes.

11

§ 2. — La pisciculture hors de l'appartement.

Les rivages maritimes de la France n'ont pas toujours présenté la configuration qu'on leur voit aujourd'hui. Depuis le bouleversement géologique qui
leur a imprimé leurs formes et leurs contours, ces
côtes ont subi des transformations sans cesse renou-
velées. A l'embouchure des grands fleuves, des terres
nouvelles ont surgi ; sur d'autres bords, la mer ronge
sans cesse les côtes, et, par degrés, recule ses bar-
rières. Sur certains continents, l'érosion des terrains
du littoral se combine avec les atterrissements éma-
nant de l'alluvion des fleuves, et, équilibrant la création et la destruction, comble les golfes, rase les pro-
montoires, remblaye les parties rentrantes et démolit
pièce à pièce les saillies. On peut étudier le double
effet de l'action de la mer et des fleuves sur tout le
littoral de la France ; — soit au delà de la Camargue,
à l'embouchure du Rhône où se forment des terres
nouvelles ; — soit dans la Bretagne française où la
mer empiète sur la terre ; — soit sur les côtes de la
Saintonge, où s'opère un travail d'égalisation de

plus en plus marqué qui efface les saillies et les en-
foncements du littoral ; — soit aux environs de la
Rochelle, où le flot envahit le rivage. Là, surtout, les
ravages de la mer ont été formidables ; la ville de
Chatel-Aillon a été emportée ruine à ruine dans la
mer. Il ne reste que la place du port, des fossés, des
murailles, des tours et des bastions de cette immense
cité. C'est encore par le travail balancé des fleuves et
du flot maritime que s'est creusée la baie Saint-
Michel, dont la formation ne remonte guère qu'au
quatrième siècle, — et, qu'au moyen âge, l'île de
Sésambre, placée aujourd'hui à deux lieues en face
de Saint-Malo, s'est séparée de la presqu'île armori-
caine. Les îles Chausey, autrefois unies au continent
où elles formaient un cap qui défendait la côte, sont
un autre exemple de cette puissance fatale de l'Océan
qui ensevelit les cités, et, sans relâche, ronge les continents. Aujourd'hui ces îles sont séparées de la terre
ferme et constituent un archipel isolé dont les terrains semblent même ne se rattacher que d'une manière indirecte aux formations voisines.

Mais ce n'est point par le seul travail des forces de
la nature que ces côtes se transforment. L'homme les
renouvelle puissamment par l'initiative de son labeur,
et désormais tout notre littoral, peuplé de pisciculteurs, va voir les eaux de nos mers cultivées, ensé-
mencées et soumises à toutes les entreprises pacifiques

et fécondes que le génie créateur de l'homme multiplie chaque jour.

Depuis longtemps l'on se préoccupait de l'appauvrissement de nos cours d'eau, d'où le poisson semble devoir disparaître dans un avenir plus ou moins éloigné. On a recherché avec persévérance les moyens de remédier à un dépeuplement dont les conséquences pourraient devenir si funestes. La pisciculture est le remède, et tout le monde reconnaît aujourd'hui qu'il y a urgence de l'employer, de le vulgariser et d'en généraliser l'emploi en améliorant le régime des eaux au bénéfice de tous, dans l'intérêt du Trésor et dans celui du consommateur. Nos eaux, qui pourraient être si riches, sont actuellement désertes. Les plus belles rivières de France ne produisent même pas le vingtième de ce qu'elles pourraient produire si la réussite du frai y était assurée chaque année, et si la propagation des bonnes espèces y était favorisée. Le poisson de mer est à peu près dans le même cas. Les populations de nos rivages se plaignent de la disparition du poisson, du dépeuplement de la mer. Jadis cependant d'innombrables légions de toutes les espèces répandaient l'abondance et la prospérité au sein des populations riveraines, et même dans l'intérieur du pays; aujourd'hui, quelques rares et maigres captures peuvent à peine suffire aux exigences de Paris. Où sont ces magnifiques poissons autrefois si communs? Ils ont disparu, et, si quelques-uns se présentent encore, ils n'entrent dans la consommation qu'à des prix exorbitants. Au lieu du fameux *lupus* des Romains, d'un mètre de longueur, on ne voit plus que des types chétifs. Il en est de même des plies, des turbots, des maquereaux, des barbues, des surmulets, etc.

En 1750, un seul coup de filet, en Angleterre, amena 3,596 saumons dont plusieurs avaient deux mètres de longueur. Aujourd'hui une semblable pêche tiendrait du miracle. Elle est irréalisable. Heureusement, on obvie de tous côtés à notre pauvreté, et toutes nos côtes, transformées en pêcheries et en parcs piscicoles, ensemencent la mer et nous promettent que bientôt les eaux des côtes françaises, repeuplées par la fécondation artificielle, seront plus riches même que dans le passé.

Le repeuplement des rivages de la mer a présenté d'abord quelques difficultés; mais elles sont aujourd'hui parfaitement surmontées. L'un des meilleurs moyens consiste à faire éclore artificiellement les espèces qui vivent alternativement dans les eaux douces et dans les eaux salées, telles que l'alose, le saumon, l'esturgeon et le sterlet.

Ces troupeaux de poissons, jetés dans les fleuves, descendent vers la mer. Plus tard, devenus adultes, ils remontent le cours des fleuves, quand vient l'époque de la ponte. Les œufs et la laitance, soigneusement recueillis et fécondés artificiellement, donnent naissance à de nouveaux poissons qu'on dépose dans les fleuves et qui, après leur pérégrination dans la mer, reviennent apporter aux populations riveraines l'inépuisable tribut d'une nouvelle conquête de la science. L'expérience a fourni des moyens plus puissants encore d'exploiter les eaux de la mer, en créant sur ses rivages d'immenses appareils de pêche semblables à ceux qui existent en Italie; nous citerons notamment la mise en pratique, dans les étangs salés de la France méridionale, dans le bassin d'Arcachon et sur les côtes de Bretagne, des procédés piscicoles importés d'Italie et améliorés selon les lieux nouveaux auxquels ils ont été appliqués et les progrès de la pisciculture. Sur tout notre littoral océanique et sur les côtes de la Manche, autant que sur les bords de la Méditerranée, on peut voir cette transformation paisible s'opérer lentement et entrer dans les mœurs où la saine pensée du travail fécond remplace les désastreuses combinaisons stratégiques qui, dans le commencement de ce siècle, faisaient bouillonner la cervelle de nos riverains maritimes. Ces travaux piscicoles s'opèrent au reste dans la Méditerranée depuis de nombreuses années, et l'on n'ignore pas par quels efforts les habitants de Comacchio ont organisé un véritable appareil d'exploitation de la mer. Aujourd'hui, on a perfec-

tionné leur méthode et on exploite littéralement la
mer sur toutes les côtes françaises. Nous allons parler
des détails de cette exploitation qui doit avoir toutes
les sympathies. D'abord, disons un mot des moyens
qu'on commence à employer pour préserver le frai
des huîtres, qui est dispersé chaque année sur nos
côtes par les courants et les flots, dévoré par les animaux inférieurs qui se nourrissent d'infusoires, ou
enfin détruit par les engins de la spéculation avide et
imprévoyante qui, sans s'inquiéter des générations
nouvelles, qu'elle a pourtant grand intérêt à conserver, ne s'applique qu'à rendre plus efficaces les
moyens de destruction. Les huîtres effectuent leur
ponte depuis le mois de juin jusqu'à la fin de septembre, et au lieu d'abandonner leurs œufs comme la
plupart des animaux marins, elles les gardent en in-
cubation dans les plis de leur manteau, entre les
lames branchiales. Ils y restent plongés dans une
matière muqueuse qui est nécessaire à leur évolution
et au sein de laquelle s'achève leur développement
embryonnaire. Ils éclosent bientôt, et ces animalcules
sortent du manteau de leur mère, munis d'un appareil de natation qui leur permet de se répandre au
loin, d'errer çà et là par myriades au gré des flots et
des courants, jusqu'à ce qu'ils rencontrent un corps
solide où ils puissent se fixer. Chaque mère ne produit
pas moins de un à deux millions de petits, dont le

plus grand nombre est dévoré ou englouti par la
vase. C'est donc rendre un grand service à l'industrie
que de lui fournir le moyen d'éviter ces pertes immenses et de fixer presque toute la récolte. Pour
atteindre un résultat si important, il suffit d'appliquer,
en y introduisant toutes les modifications commandées
par le milieu où l'on opère, les procédés employés
avec tant de succès dans le lac Fusaro. Les voici.
Entre le lac Lucrin, les ruines de Cumes et le cap de
Misène, se trouve un étang salé d'une lieue de circon-
férence environ, d'un à deux mètres de profondeur
dans sa plus grande étendue, au fond boueux, volca-
nique, noirâtre, l'Achéron de Virgile enfin, qui porte
aujourd'hui le nom de Fusaro. Dans tout son pourtour
et sans qu'il soit possible de dire à quelle époque
cette industrie a pris naissance, on voit, de distance
en distance, des espaces le plus ordinairement circulaires occupés par des pierres qu'on y a transportées.
Ces pierres simulent des espèces de rochers que l'on
a recouverts d'huîtres de Tarente, de manière à
transformer chacun d'eux en un banc artificiel. Il y a
quarante ans environ, les émanations sulfureuses du
cratère occupé par les eaux du Fusaro ayant pris une
trop grande intensité, les huîtres de tous ces bancs
artificiels périrent, et, pour les remplacer, on fut
obligé d'en faire venir de nouvelles. Autour de chacun
de ces rochers factices qui ont en général deux à trois

mètres de diamètre, on a planté des pieux assez rapprochés les uns des autres, de façon à circonvenir l'espace au centre duquel se trouvent les huîtres. Les pieux s'élèvent un peu au-dessus de la surface de l'eau, afin qu'on puisse facilement les saisir avec les mains et les enlever quand cela devient utile. Il y en a d'autres aussi qui, distribués par longues files, sont reliés par une corde à laquelle on suspend des fagots de menu bois, destinés à multiplier les pièces mobiles qui attendent la récolte.

Ces pieux et ces fagots arrêtent au passage la poussière d'animalcules qui s'échappe chaque année du manteau des huîtres mères et lui présentent des surfaces où elle peut s'attacher comme un essaim d'abeille aux arbustes qu'il rencontre au sortir de la ruche. Elle s'y fixe en effet et y grandit assez rapidement pour qu'au bout de deux ou trois ans chacun des corpuscules dont elle se compose devienne comestible. Lorsque la saison des pêches est venue, on retire les pieux et les fagots, dont on enlève successivement toutes les huîtres réputées marchandes, et après avoir cueilli les fruits de ces grappes artificielles, on remet l'appareil en place pour attendre qu'une nouvelle génération amène une seconde récolte. D'autres fois, sans toucher aux pieux, on se borne à en détacher les huîtres au moyen d'un crochet à plusieurs branches. La source d'où ces générations émanent

11.

reste donc permanente, se perpétuant et se renouve-
lant sans cesse par l'addition annuelle de l'infime
minorité qui ne déserte pas le lieu de sa naissance.
Ces procédés, introduits dans notre pays et notamment
à Marennes, et modifiés selon la nature et le besoin
des lieux, ont déjà, en partie, sauvé l'industrie des
huîtres, menacée dans sa source même et tarie chaque
année par d'imprudents spéculateurs.

M. Caillaud a même simplifié ce procédé, qui est
rendu désormais facile, peu coûteux et accessible à
tous les riverains; il cultive lui-même un très-grand
nombre de parcs à huîtres sur le plateau rocheux de
Chatel-Aillon, près la Rochelle. Ce plateau était im-
productif il y a quatre ans; aujourd'hui, il est occupé
sur l'étendue de ses trente-cinq hectares par 420 parcs
reproducteurs ou huîtrières artificielles, réparties
entre trois cents détenteurs dont l'industrie peut déjà
s'évaluer sans exagération à un million de francs par
année.

Le plateau se découvre de temps en temps, ce qui
permet tous les travaux d'installation, d'entretien et
de récolte.

L'ostréiculture, simplifiée par M. Caillaud, consiste simplement à placer des pierres arrachées sur
place ou ramassées aux environs, l'une sur l'autre
en forme de sillon; il faut que les pierres soient
très-propres. L'huître naissante ne s'attache qu'aux

corps durs et propres : on conçoit que les pierres qu'on a déposées en ordre sur le sol sont toujours lavées par le flot et entretenues dans l'état primitif de propreté. J'ai parcouru les parcs et j'ai étudié plusieurs échantillons de ces pierres, qui présentaient une série d'âge de un mois à quatre ans. La semence y était répandue à profusion ; ainsi, une pierre grande comme deux fois la main était couverte d'une population animée de 125 huîtres de la dimension d'un ongle. Des échantillons d'huîtres attachés sur des tuiles ont aussi frappé mon attention, car ces tuiles n'avaient pas encore été appliquées comme engin collecteur d'huîtres. La semence est apportée par le flot, et provient d'un banc naturel sous-marin qui est dans le voisinage; avant l'installation des parcs de M. Caillaud, cette semence était perdue par la raison que le rocher couvert de moules, de vase ou de plantes nuisibles ne présentait à la semence ni la propreté convenable ni les points d'adhésion.

Ce procédé nouveau, si simple, a suscité de nombreuses imitations sur tout le littoral du quartier de la Rochelle, depuis Chatel-Aillon jusqu'à la barre de l'Aiguillon, principalement dans le quartier de l'île de Ré, où depuis trois ans 2,200 parcs sont exécutés et sont déjà en voie de succès. Des établissements semblables, grâce à l'initiative créatrice et désintéressée de M. René Caillaud, se multiplient sur les côtes de

la Vendée, où cette culture était encore inconnue
naguère. Les 420 parcs établis à Chatel-Aillon ont à
peine coûté trente-mille francs de main-d'œuvre, et
déjà ils sont en plein rapport. Les soixante-dix premiers détenteurs ont commencé depuis deux ans des
opérations de vente d'huîtres. Cette année, les bénéfices ont monté à plus de 50,000 francs, qui ont permis de faire toutes les modifications, toutes les améliorations demandées, et qui, en répandant la confiance, ont excité les riverains à s'occuper de la culture
des eaux. En Vendée, notamment, on s'en préoccupe
avec activité, et il est prouvé qu'on en retirera de
grands avantages, surtout à la Franche.

A la baie de l'Aiguillon, la récolte des moules est
aussi une source de richesses. Ne pourrait-on pas
mettre en usage sur plusieurs points des côtes de la
France l'appareil de cette culture tel qu'il est employé
par les pêcheurs de l'Aiguillon? Son emploi aurait
pour résultat de multiplier les moules qui sont une
si grande ressource pour les classes malheureuses en
leur donnant, grâce à la culture appropriée, un goût
et une saveur qu'elles offrent rarement quand elles
croissent sur les rivages. Souvent même, venues dans
les conditions sauvages et privées des soins et de l'industrie de l'homme, elles sont maigres, âcres et malsaines. Pour en faire un bon aliment, il suffit d'appliquer la construction des bouchots et de bâtir des parcs

formés de pieux et de clayonnage. Ainsi nos rivages stériles, nos lacs et nos rivières rapporteront d'immenses profits.

Il n'a été aucunement difficile d'imiter ces procédés sur toutes nos côtes. Ils sont déjà vulgarisés, et, si peu qu'on visite notre littoral, on peut prendre idée des moyens qui assurent la conservation et la multiplication du poisson de mer. Les nombreux visiteurs d'Arcachon savent le parti qu'on tire des réservoirs creusés à grands frais par les riverains, notamment du côté d'Audenge et d'Arès. Il y a encore là un exemple à suivre, en admettant toutefois que les envieuses inimitiés des pêcheurs de la Teste ne parviennent pas à détruire cette importante industrie par une question de largeur de mailles, au moment même où l'établissement des chemins de fer peut la faire entrer dans la voie du progrès. Au reste, l'administration maritime, que les pisciculteurs ont trouvée toujours très-bienveillante, se montre de plus en plus disposée au développement de la culture des eaux. Elle comprend qu'il ne suffit pas de *faire* du poisson, mais qu'il faut aussi le cultiver, veiller à la conservation des semences fécondes que l'on confiera aux eaux. A quoi bon les enrichir d'espèces nombreuses, si on les laisse livrées imprudemment à l'avidité imprévoyante des riverains, et si on continue à paralyser ainsi, par incurie, les efforts des pisciculteurs et toute l'influence des établissements nouveaux? Ainsi se renouvelle de tous côtés, en France, notre littoral. On y parle bien moins de guerre que de culture, de travail, de civilisation. D'établissements militaires, on ne s'en préoccupe plus, on n'y fait projet que d'établissements paisibles. Les mœurs s'adoucissent. La richesse y vient peu à peu, et avec elle les arts, les lettres, tout ce qui renouvelle l'homme et l'élève à sa réelle destinée de perfectionnement indéfini.

Nous regrettons que l'espace nous manque pour étudier à fond les bienfaits de la pisciculture; mais, qu'on le sache! tout ce qu'on obtient par les procédés en grand sur les fleuves, les rivières, les marais et la mer, on peut l'obtenir par la pisciculture familière opérée dans nos appartements, et embellie par la culture familière des plantes aquatiques. C'est ce qui nous occupera dans le chapitre IV.

§ 3. — L'aquarium du Bois de Boulogne.

Nous ne saurions mieux intéresser le lecteur à cette étude qu'en insérant ici, sur l'aquarium du Bois de Boulogne, au Jardin d'acclimatation, les

renseignements que M. Rufz de Lavison, directeur
du Jardin, a publiés sur ce sujet. Dans ce beau travail,
il a fait connaître les résultats obtenus de cet appareil, dont la mise en œuvre a été, au jardin du
Bois de Boulogne, pendant l'année 1862, la principale expérimentation. L'aquarium a été ensuite
présenté par lui sous d'autres points de vue, dans
son ensemble et dans son essence, comme appareil hydraulique et pneumatique des plus com-
plexes, puis comme grande composition artis-
tique, méritant d'être appelé un musée vivant de la
mer.

Rappelant ensuite l'impression qu'on éprouve la
première fois qu'on entre dans le bâtiment de l'aquarium, et qu'on se trouve en présence de cette repré-
sentation du fond des fleuves et de la mer exposée en
quelque sorte sous les regards, il dit qu'on ressent
quelque chose de semblable à cette surprise dont
Virgile dit qu'on serait frappé, si la terre entr'ouverte
laissait voir les gouffres infernaux et les choses incon-
nues aux dieux mêmes? Puis il ajoute et dès-lors
nous citons presque textuellement :

« A la vue de ces vallées d'un genre si nouveau, de
ces cavernes, de ces rochers à physionomie d'écueils
et de récifs, de ces plantes étranges, et surtout de
cette population d'êtres plus étranges encore, immo-
biles ou nageant à travers ce paysage sous-marin,

n'avez-vous pas cru que l'abîme des eaux était ouvert devant vos yeux et vous montrait des choses que la nature vous avait cachées jusqu'alors ? Votre attente n'a-t-elle pas été satisfaite?

« Mais les beautés plastiques de l'aquarium, son succès comme œuvre d'art, ne sont que des mérites accessoires. Réduit à cela, l'aquarium ne serait qu'une belle lanterne magique ou une décoration d'opéra. Mais ce n'est pas un spectacle de curiosité, l'amusement d'un coup d'œil, que le Jardin s'est proposé d'offrir à ses visiteurs. Voici la pensée qui a présidé à la construction de l'aquarium.

« Il n'est pas aussi facile qu'on pourrait le croire de faire vivre les poissons dans l'eau ; et pour établir un aquarium, il ne suffit pas d'avoir un vase ou un contenant quelconque, de les remplir d'eau douce ou d'eau salée, et d'y placer les animaux habitués à vivre dans l'un ou l'autre de ces éléments. Ce pouvait être le principe des viviers romains. Pour les bâtir, on défonçait les montagnes, on creusait des lacs, on disposait du flux et du reflux de la mer ; mais ce ne furent après tout que des monuments d'un luxe prodigieux, et qui n'ont laissé que le souvenir des extravagances qu'ils firent faire aux hommes d'État de la Rome de cette époque. Notre aquarium n'est point de cette époque.

« Pendant longtemps, ceux qui voulaient étudier les

poissons furent obligés de s'en tenir au principe des
viviers romains, c'est-à-dire d'aller prendre les poissons dans la mer, et de les placer non plus dans des
lacs, mais dans des bocaux de verre dont l'eau était
souvent renouvelée. Le premier qui soit connu pour
avoir ainsi gardé en captivité, et d'une manière systématique, pour les observer, des animaux aquatiques
vivants, et plus particulièrement ceux de la mer, est
un riche baron écossais, sir John Graham Dalyelle.
De 1790 jusqu'à 1850, il a entretenu, dans sa maison d'Édimbourg, un grand nombre de poissons et
d'animaux marins, qu'il aimait à faire voir à ses visiteurs. Mais sir John Dalyelle était riche et pouvait
avoir tous les jours à sa disposition de l'eau de mer
pour renouveler celle de ses bassins: Les personnes
qui vivaient loin de la mer, et qui voulaient se donner le plaisir d'étudier les animaux marins, étaient
obligées de faire de longs et coûteux voyages.

« Après les travaux de M. de Quatrefages, sur les
bords de l'Océan, après son livre qui avait vulgarisé ses
études, et excité la curiosité de les connaître, quelques savants anglais, M. Thyme en 1846, M. Warrington en 1849, et après eux MM. Gosse et Bower-
banks, cherchèrent un procédé pour conserver l'eau
douce ou l'eau de mer, sans être obligé de les changer, et de manière à y maintenir longtemps les
mêmes animaux dans un état de bonne santé qui

permît de les étudier. C'est ici que la science apparaît dans la construction des aquariums.

« Il n'est personne qui n'ait ouï parler de la grande découverte de la décomposition de l'air atmosphérique, à laquelle se rattachent les grands noms de Priestley et de Lavoisier, et qui signala, vers la fin du dernier siècle, l'avénement de la chimie moderne. Une des premières et des plus belles applications de cette découverte fut celle qui en fut faite à l'explication de la respiration des animaux et des végétaux. On reconnut qu'il existait entre ces deux règnes organiques une loi de compensation ou de libre échange, suivant laquelle les végétaux, sous l'influence de la lumière solaire, exhalent l'oxygène nécessaire à la respiration des animaux, et tout à la fois absorbent et s'assimilent l'acide carbonique qui leur est fourni par eux.

« Longtemps cette admirable harmonie ne fut étudiée que dans les êtres qui vivent dans l'atmosphère aérienne. On ne songeait pas qu'elle pût exister aussi entre les animaux et les végétaux qui vivent au milieu des eaux. Cet oubli pouvait bien tenir au peu d'intérêt qu'inspiraient ces êtres, et à la connaissance très-imparfaite de leur organisation. Il est naturel que l'homme se soit d'abord occupé des animaux qui l'approchaient de plus près, et dont l'organisation offrait avec la sienne le plus de similitude. Les pois-

sons devaient donc être étudiés en dernier lieu. Ce
ne fut qu'après les beaux travaux de Cuvier sur les
mollusques de la mer, de MM. de Lacépède, Duméril
père et Valenciennes sur les poissons, de M. Moquin-
Tandon sur les mollusques fluviatiles de la France,
et d'une foule d'autres naturalistes, qu'on a commencé à prendre quelque goût à cette étude.

« Vers l'année 1842, le docteur Johnston, dans une
*Histoire des Éponges et des Lithophytes de la Grande-
Bretagne*, fit connaître une expérience qu'il avait
faite, non pas en vue d'établir un aquarium, mais
pour constater la nature de la Coralline végétale, jolie
plante très-commune sur les rochers des bords de la
mer, mais dont la nature ambiguë est promenée
depuis longtemps de l'un à l'autre règne. Une touffe
de cette plante fut mise avec plusieurs petites moules,
des annélides et des étoiles de mer, dans un vase
contenant de l'eau de mer très-pure. Au bout de
huit mois, la Coralline, loin d'avoir dépéri, s'était
développée, et les animaux, de leur côté, étaient bien
portants et conservaient leur vivacité et l'éclat naturel
de leurs couleurs. La conclusion de cette expérience
était facile : si la Coralline n'était pas un végétal, dit
le docteur Johnston, elle serait morte, et les animaux
aussi.

« Au milieu des obscurités où s'agite la science hu-
maine, une expérience de cette sorte est un de ces

jets de lumière que la Providence fait luire quelquefois au-devant de nos pas, pour nous mettre dans la voie de la vérité.

« On peut dire en effet qu'après cette expérience, le problème de l'aquarium était résolu, puisqu'on avait trouvé le moyen de faire vivre les poissons dans de l'eau, pendant un laps de temps considérable, sans la renouveler. Ce ne fut cependant qu'en 1850 qu'on donna suite à cette découverte. Le 14 mai 1850, M. Warrington fit connaître à la société des chimistes de Londres de nouvelles expériences entre des cyprins et une plante de rivière, le *vallisneria spiralis*, maintenus dans la même eau. Ces essais furent répétés par M. Gosse, entre les poissons et les plantes de la mer, avec un égal succès.

« C'est à un savant français, Dujardin, que doit être rapportée l'application première du principe fondamental des aquariums.

« Dès 1838, M. Dujardin faisait des voyages sur nos côtes dans l'intérêt de ses études zoologiques. Il rapportait tous les ans à Paris de nombreux flacons contenant des animaux vivant dans l'eau de la mer, et pour entretenir la pureté de cette eau, il plaçait dans chaque flacon quelques frondes d'*ulva lactua*. Nommé professeur à Toulouse, il y transporta son *musée* ou son *aquarium*, qui s'accrut de nombreux flacons rapportés de Cette. Appelé plus tard à la chaire de zoologie de Rennes, il se fit suivre de sa collection, qui s'accrut encore d'une foule d'espèces recueillies sur les côtes de la Bretagne. C'est dans un de ces flacons qu'un des premiers il constata l'organisation des méduses.

« Le secret des aquariums était donc divulgué, car on avait trouvé le moyen d'assurer la respiration des êtres qui vivent dans les eaux. La théorie passa dans la pratique : il s'établit à Londres sur ce principe, dès cette époque, quelques aquariums de cabinet ; cependant il n'en parut encore aucun à la grande exposition de Londres en 1851.

« C'est en 1853 que M. Mitchell, secrétaire de la Société zoologique de Londres, eut l'idée de construire, dans le Jardin de Regent's Park, un aquarium, sur une échelle et avec des dispositions d'art qu'on n'avait pas encore imaginé de donner à ces appareils. Le succès de cette nouveauté dépassa toutes les espérances. Ce fut un succès d'enthousiasme, un succès populaire ! Il en sortit une littérature d'extases et de transports d'admiration. Nos voisins, qui sont bien un peu payés pour aimer la mer, ne tarissaient point sur ses merveilles, et l'aquarium de Londres eut ses *dilettanti !*

« Chaque jour, dès lors, amena de nouveaux progrès dans la composition de l'aquarium. On n'avait pas tardé à reconnaître que les plantes qu'on y introduisait pour le dégagement de l'oxygène n'étaient pas

toutes également propres à cet office. La flore des eaux
de la mer est une flore particulière. Les plantes n'y
sont pas les mêmes à toutes les profondeurs. Elles sont
échelonnées par zones, et aussi variées que celles qui,
suivant l'altitude des montagnes, distinguent les différentes régions de l'air. Les plantes des plus grandes
profondeurs sont brunes, celles des régions moyennes
rouges, et celles des supérieures, qui sont en contact
avec l'air atmosphérique, sont vertes. Cette différence
a été reconnue expérimentalement comme étant l'effet
du degré de lumière qui pénètre dans les diverses couches des eaux; car le soleil est partout le grand maî-
tre de la vie. Pour assurer l'existence des animaux
tenus dans l'eau, il était donc indispensable de leur
ménager une végétation propre, non-seulement à leur
nourriture naturelle, mais aussi au dégagement de
l'oxygène nécessaire à leur respiration. Dans les premiers essais des aquariums on y plaçait des plantes
toutes venues; on a reconnu depuis qu'il suffisait de
laisser se développer sous l'action de la lumière une
végétation pour ainsi dire naturelle à l'eau, et qui
provient de la multitude des spores et des semences
contenues dans l'eau naturellement, mais qui, sans
l'action solaire, resteraient invisibles et ne se dévelop-
peraient pas. C'est en grande partie une végétation
semblable, spontanée, qui tapisse les bacs de l'aquarium du Jardin d'acclimatation; elle tendrait à en en-

vahir toutes les parois, si on la laissait librement
exposée à tous les rayons du soleil ; mais au moyen
de stores et d'écrans, on ne la fait pousser que tout
autant que l'on veut. C'est cette nécessité de modérer
le degré de la lumière qui fait qu'on ne lui permet de
pénétrer dans l'eau que par la surface supérieure des
bacs, et qu'on maintient tous les autres côtés de l'a-
quarium dans l'obscurité ; de cette façon les animaux
sont vus par le travers, et non de haut en bas, comme
cela a lieu ordinairement lorsqu'on les regarde dans
la mer ou dans le cours d'une rivière. Autre avantage !
Cette disposition qui place les poissons entre la lumière
et l'œil du spectateur, fait mieux ressortir leurs formes et leurs couleurs. On ne pouvait espérer de faire
vivre un animal des bas-fonds dans les conditions où
sont placés ceux des couches supérieures, et surtout
dans les aquariums, qui ont tout au plus un mètre de
profondeur. On y est cependant parvenu, en imitant
la nature, et en dosant la lumière, c'est-à-dire en ne
permettant d'arriver aux végétaux et aux animaux des
aquariums que la quantité de soleil qu'ils doivent recevoir naturellement. La réglementation de la lumière
est donc une des conditions indispensables pour un
aquarium. On l'obtient au moyen de l'orientation du
lieu où l'on place son aquarium, et à l'aide d'écrans
qui permettent de modérer le nombre et la force des
rayons solaires que l'on veut y laisser pénétrer.

« Donc, l'aquarium n'est pas seulement un observatoire de zoologie, il est aussi un vaste laboratoire de botanique, où se peuvent faire les plus belles études et les plus savantes expériences sur la végétation. Les plantes marines appelées *algues, conferves, fucus,* sont divisées par les botanistes en trois classes : les mélanospermées ou plantes de couleur brune, les rhodospermées ou plantes rouges, et les chlorospermées ou plantes vertes. Les premières ne peuvent être conservées dans les aquariums ; comme les animaux qui les habitent, ces plantes n'ont besoin que de très-peu de lumière. Les rhodospermées sont peut-être les plus nombreuses, et viennent également bien au fond et à la surface de l'eau ; elles sont très-belles, très-vivaces et font très-bien dans les aquariums ; mais il est difficile de réglementer la lumière qui leur est nécessaire : trop les brûle, trop peu les fane. Ce sont donc les chlorospermées, ou plantes vertes, qui sont les vraies plantes des aquariums. Sans entrer dans l'histoire des plantes marines de toutes les couches, disons que les vertes, celles des couches supérieures, qui sont les plus abondantes, sont aussi les plus propres à l'entretien de la vie animale. C'est dans les vastes pâturages qu'elles forment à la surface de la mer ou le long de ses côtes, qu'on trouve le plus grand nombre et la plus grande variété de ces êtres singuliers qui composent la population de l'Océan. Mais, à

cause de leur contact continuel avec le soleil, elles ont
une exubérance de végétation si fougueuse, que l'une
d'elles, l'*anacharis canadensis*, transportée, il y a
quelques années, dans la Tamise, par quelque carène
de navire, menace aujourd'hui d'encombrer ce fleuve
et de gêner la navigation !

« On comprend combien cette rapidité de développement doit être embarrassante dans un aquarium de
verre, combien elle doit vite en envahir le champ
rétréci et le rendre impénétrable à l'œil des observa-
teurs. C'est pourquoi on s'appliqua à la réprimer par
tous les moyens possibles. Outre la réglementation
de la lumière, M. Warrington trouva encore, en con-
sultant la nature, quelques-uns de ces auxiliaires dont
elle aime à faire emploi pour l'édification de ses plus
grandes œuvres ; il se souvint que, dans les plantes
vertes qui forment comme des prairies le long des
côtes, il avait vu une infinité de petits mollusques
occupés à brouter les herbes ; il imagina de leur confier le même office dans l'aquarium, et vit que non-
seulement ils mangeaient les herbes, mais aussi les
détritus des animaux, en même temps que leurs œufs
servaient de pâture à plus gros qu'eux. Parmi ces
nombreux agents de la salubrité des aquariums, nous
citerons le vignot commun (*littorina littorea*), mol-
lusque à coquille ronde et brune, qui abonde sur les
côtes de la Manche, et dont la langue, vue au micro-

12

scope, est un chef-d'œuvre d'instrument tranchant, auprès duquel nos faulx et nos râpes paraissent de grossiers outils.

« Mais tous ces artifices ne suffisaient pas à conserver à l'eau des aquariums les qualités nécessaires à l'entretien de la vie des animaux; on pensa qu'il devait exister dans la nature d'autres moyens propres à obtenir ce résultat, c'est-à-dire une autre source d'oxygène, et l'on trouva, dans le mouvement incessant qu'impriment aux flots de la mer les marées et les vents, un mode d'aération de l'eau plus puissant que tous les autres. En effet, les courants ascensionnels ou horizontaux qui remuent la mer en tous sens, les vagues qui se brisent contre les rochers et s'éparpillent en écume, le ressac qui les ramène en arrière, l'eau de la pluie qui s'y mêle et l'agitation des tempêtes, tout concourt à brasser l'eau de la mer et à la mélanger d'air atmosphérique. Par un aérage mécanique on imagina d'imiter le procédé de la nature, et d'imprimer un mouvement continuel de va-et-vient à l'eau destinée à alimenter l'aquarium : c'est ce que l'on voit très-bien dans l'appareil du Jardin. Cet ingénieux mécanisme, qui est particulier à l'aquarium du Jardin de Paris, est de l'invention de M. Lloyd : il consiste en une pression hydraulique.

« A Londres, pendant longtemps, on était réduit à changer l'eau presque chaque semaine, ce qui en-

traînait une dépense considérable. Car pour avoir
l'eau aussi pure que possible, on était obligé de la
puiser en pleine mer.

« Cette opération n'a eu lieu qu'une seule fois
pour le Jardin de Paris. Au moyen de jets d'arrivée et de trop-pleins placés dans les bacs, et qui
portent et remportent l'eau, on imprime à cette eau
une circulation tout à fait comparable à celle du
sang. Grâce à ce mécanisme, M. Lloyd a promis que
l'eau de mer de l'aquarium pourrait être conservée dix
ans, sans qu'il soit besoin de la renouveler, et l'on
peut déjà prendre confiance dans sa promesse; car,
depuis dix-huit mois, cette eau s'est maintenue
propre à l'entretien de la vie des animaux.

« Pour donner une pleine connaissance de l'aquarium, il faudrait dire par quelles inventions on maintient la salure de l'eau que l'évaporation dérange sans
cesse[1]; comment on conserve le degré nécessaire de
température, afin que l'eau ne soit ni trop froide
en hiver, ni trop chaude en été[2]. Il faudrait expli-

---

[1] La surface des bacs étant assez large et l'eau qui y arrive continuellement en mouvement, il en résulte une évaporation continuelle,
mais c'est l'eau douce seule qui s'évapore, et non les parties salines.
Au moyen d'un petit aéromètre en bulle de verre, on est averti de
l'excès de *salure* qui pourrait être nuisible à la vie des animaux, et
l'on y remédie en y faisant arriver de l'eau de pluie provenant du
toit du bâtiment, et qui rétablit l'intégrité de l'eau de mer, absolument comme cela a lieu dans la nature.

[2] Pour la température de l'eau, comme elle n'est point sujette dans

quer ces rochers[1] et ces cavernes qui sont les imitations de la nature, pour ménager aux animaux
les retraites dont ils ne peuvent se passer; comment
on a suppléé aux alternatives périodiques d'immersion
dans l'eau ou d'exposition à l'air, auxquelles ces animaux sont habitués lors du flux et du reflux de la
mer, etc.

« On le voit l'aquarium est le résultat des plus savantes recherches et des plus ingénieuses combinaisons, et toutes les sciences, physique, chimie, botanique, histoire naturelle, se sont cotisées pour l'édifier,
et, comme autant de bonnes fées, ont voulu lui faire
leur don. Et comme cet aquarium est le dernier construit des appareils de ce genre, et qu'il a pu profiter
de tous les perfectionnements obtenus avant lui, et
recevoir des proportions et des embellissements nou-

la mer à d'aussi grandes variations que celles que subit l'atmosphère
pour la maintenir au degré convenable, il a suffi d'enfouir dans la
terre le réservoir qui contient l'eau, et qui est un vase de fonte dou-
blé de gutta-percha.

[1] On obtient ces alternatives d'immersion et d'exposition à l'air
pour les animaux qui y sont habitués, en vidant les bacs la nuit et les
remplissant le jour; en effet, à de certaines époques, il y a des animaux qui ont besoin d'une atmosphère humide plutôt que de l'eau
elle-même. Ils trouvent ces conditions sur ou sous les rochers, où
ils restent exposés comme sur la plage.

Les moindres dispositions de l'aquarium sont des combinaisons
basées sur l'étude des mœurs des animaux aquatiques : ainsi les
rochers et le paysage, disposés en amphithéâtre, donnent à l'eau des
épaisseurs inégales, en raison des profondeurs différentes de la mer
auxquelles les animaux sont accoutumés.

veaux, on peut dire que Paris a présentement le plus beau et le plus parfait des aquariums. M. Lloyd le classe ainsi dans une notice qu'il a publiée sur ce sujet[1]; mais, en toute justice, il réserve à l'aquarium du Jardin de Regent's Park les honneurs de l'initiative et de la priorité, et rappelle qu'il fut établi à une époque où l'on savait bien peu de ce qu'il fallait savoir pour mener à bonne fin de telles entreprises.

« Pour répondre à sa nature et à son origine scientifiques, l'aquarium devait être un instrument de découvertes, d'acquêts nouveaux au profit de la science; car la règle de l'intérêt des intérêts est bien aussi fructueuse dans l'ordre intellectuel que dans le monde matériel, et c'est à sa constante application que nous devons ce capital accumulé que l'on nomme l'état actuel de la science. C'est, en effet, à l'observation des animaux aquatiques, rendue facile par les aquariums, que l'on doit la connaissance d'une foule de particularités nouvelles relatives à leurs mœurs, à leurs habitudes et à l'exercice de leurs fonctions physiologiques. Un aquarium les fait poser devant nous, et permet de faire de leur étude un amusement. Pour cela il n'est pas nécessaire d'avoir à sa disposition un grand et coûteux appareil, comme celui du

[1] Le plan primitif de l'aquarium de Paris est de M. Mitchell; mais après la mort de M. Mitchell, il a été terminé et perfectionné par M. Lloyd, qui doit être considéré comme son véritable auteur.

Jardin d'acclimation. Le principe suffit. Pourvu que vous ayez un vase de cristal, de l'eau de mer ou de l'eau douce, quelques plantes aquatiques, quelques mollusques et les animaux que vous voulez étudier, il n'en faut pas d'avantage. C'est à ces modestes appareils de cabinet que nous devons tant de belles recherches, tant de travaux sur ces êtres que l'œil ni la pensée n'avaient pu suivre à travers leurs humides demeures, etc.

« C'est à l'aquarium de M. Gosse que nous devons l'histoire des actinies ou anémones de mer, ces poissons-fleurs dont les marins et les pêcheurs, qui vivent pour ainsi dire avec eux, ne soupçonnaient pas la beauté; car on a vu plus d'un marin, à l'aspect des anémones dans l'aquarium du Jardin, témoigner un véritable étonnement. Outre la profondeur des eaux qui les cache ordinairement aux regards, lorsqu'on essaye d'y porter la main, les anémones se contractent, rentrent en elles-mêmes, et n'offrent plus au toucher que des masses informes et gluantes. C'est l'aquarium qui les a placées sous une lumière et dans des conditions qui leur permettent d'étaler aux yeux leurs belles couleurs et les merveilles de leur organisation. C'est en grande partie aux révélations de l'aquarium que nous devons le dernier ouvrage de M. de Quatrefages, cette puissante synthèse des métamorphoses, qui nous apprend les changements de

formes et de proportions par lesquels tout être doit passer pour, d'un germe rudimentaire, devenir un individu complet; de telle sorte que la belle loi du perfectionnement progressif, qui est la loi de l'individu
moral, paraît être aussi celle du développement cor-
porel de la plupart des animaux. « Quel est celui, dit
l'auteur, qui, ayant passé quelques heures au bord de
l'Océan, à l'heure du reflux, n'a pas remarqué le mé-
nade (*portunus mænas*), le crabe enragé, comme
l'appellent nos marins, celui de tous ses congénères
qui se hasarde le plus volontiers au grand jour, et qui,
peu recherché à cause de la sécheresse et de la pauvreté de sa chair, pullule à côté même des cabanes des
pêcheurs? Avant de courir ainsi sur la plage, ce crustacé a nagé en pleine eau sous la forme d'une *zoé*.
Il avait alors la tête et le thorax confondus sous une
carapace presque globuleuse, armée de longues pointes
dirigées en avant, en arrière et sur les côtés... Il offrait bien d'autres différences d'organisation. Rien chez
lui, en un mot, ne rappelait ce crabe à corps aplati,
verdâtre, qui fuit sans trop de hâte devant le promeneur, et semble, dans sa marche oblique et saccadée,
lui adresser le geste bien connu des gamins de Paris.

« Ce n'est pas tout. Il faut aux inventions humaines
le mérite de l'utilité pratique, et l'application à la
satisfaction des besoins et de la puissance de l'homme.

« Ce que peut rapporter l'aquarium !... Il faut le

demander à l'histoire de la culture des eaux. Il faut
le demander aux travaux de M. Coste, à ses aquariums du Collége de France et de Concarneau, ces
bergeries aquatiques, où la truite, le saumon, le
barbeau, le homard, la langouste, la raie, le congre,
pour. ne parler que des poissons les plus connus s'accommodent du régime de la stabulation, et se repro-
duisent comme les animaux de basse-cour. Il faut
aussi mettre de ce nombre l'établissement d'Huningue,
dirigé par M. Coumes, ingénieur en chef des travaux
du Rhin, établissement unique dans les annales des
nations. Créé par le gouvernement pour distribuer,
indistinctement et gratuitement aux étrangers comme
aux Français, les œufs fécondés des espèces de poissons les plus utiles. Magnifique témoignage de la libé-
ralité de la France !

« Voyez-vous ce savant qui s'en va ensemençant nos
fleuves et nos côtes de la mer, et enseignant aux populations riveraines tant de merveilleux secrets ; qui
transforme l'Océan en une vaste fabrique, de substances alimentaires et fait naître sous ses pas l'ordre,
le travail et la prospérité ! Dans l'île de Rhé, trois
mille hommes, prolétaires la veille, sont descendus
de l'intérieur des terres sur le rivage pour y prendre
possession des fonds émergents. La foi de ces modestes
ouvriers, éclairée par un rayon de la science, a créé,
sur quelques kilomètres d'une plage improductive,

une plus abondante moisson que n'en fournit annuellement tout le littoral de la France.

« En certaines localités, les richesses déjà acquises ont changé la condition sociale des populations maritimes.

« En effet, la nécessité se fait sentir de réglementer les nouvelles conquêtes de M. Coste, tant les demandes de concession se multiplient. Est-il un armateur ou un industriel dont les navires et les manufactures rapportent davantage ? Pour trouver une comparaison digne de ce savant bienfaiteur de l'humanité, il faut remonter aux personnages mythologiques, à Cérès ou à Triptolème, qui enseignèrent aux hommes les inventions utiles. C'est par des études préalables d'embryogénie comparée, faites devant son aquarium, que M. Coste a préparé ses belles découvertes. L'aquarium est l'Égérie de la pisciculture. Est-il possible de calculer ce que peut rapporter l'observation exacte d'un fait insignifiant en apparence ? On lit partout que ce sont quelques particularités bien observées des mœurs du hareng qui ont assuré à la Hollande les grands bénéfices de la pêche de ce poisson, et fait, pendant quelque temps, de ce pays l'une des principales puissances maritimes du monde. De quelles grandes exploitations industrielles, de quels vastes commerces, de quelles richesses l'aquarium ne peut-il pas être la source ?

« Un dernier mot. L'aquarium porte à la rêverie, aux

méditations religieuses et poétiques. Une promenade à l'aquarium est une leçon de la plus haute philosophie.

« Par un de ces jours pluvieux, comme il y en a eu trop à Paris, mais qui sont les seuls où l'aquarium soit vide, vous est-il arrivé d'y entrer, et là, solitaire et libre, de vous porter devant chaque bac, et de vous laisser aller à la contemplation de ce spectacle ? Par un effet d'optique très-remarquable, les objets grossissant sous le regard jusqu'à prendre leur dimension naturelle, n'avez-vous pas senti ce que l'on sent sur le bord de la mer, sous l'ogive des vieilles cathédrales, en face de toute grande manifestation de la puissance divine ? Votre dernière, comme votre première impression, n'a-t-elle pas été un sentiment d'admiration ? N'avez-vous pas senti s'échapper de vos poitrines le cri d'un grand naturaliste, ce cri d'Étienne Geoffroy Saint-Hilaire : Gloire à Dieu !

« Tels sont les avantages de l'aquarium. Mais pour être profitable, l'aquarium veut être fréquenté, non pas comme une curiosité agréable, mais comme un cabinet d'étude ; il faut le voir et le revoir souvent. C'est la condition de toute bonne observation. »

(RUFZ DE LAVISON.)

[1] Cet effet d'optique, décrit par Théophile Gautier, a été indiqué par notre grand peintre de marine, M. Gudin, que l'on voit souvent à l'aquarium, ainsi que M. Troyon et beaucoup d'autres peintres célèbres. Cet effet est comparable à celui du stéréoscope, où les reliefs des objets ne se dégagent qu'après un moment de contemplation.

§ 4. — La serre aquatile et les plantes aquatiques cultivées dans l'appartement.

Jusqu'ici les horticulteurs ont délaissé les plantes aquatiques. Cette défaveur tient à la nature de ces plantes, qui exigent, pour qu'elles prennent tout leur développement, des bassins d'une dimension assez vaste, et qui, en outre, dans nos climats, réclament, au moins pendant une partie de l'année, l'aide indispensable de la chaleur artificielle.

Malgré ces difficultés, la culture des plantes aquatiques nous devient chaque jour plus familière, et elle ouvre des horizons nouveaux aux plaisirs de famille et à la culture des fleurs dans les appartements.

C'est au *victoria-regia*, désormais vulgarisé dans toute l'Europe, que ces plantes doivent l'intérêt que les cultivateurs montrent pour elles depuis quelque temps. Pour élever le *victoria-regia*, il a fallu créer des aquaires dans les serres, ou agrandir ceux qui existaient déjà, et, pour tirer parti de l'espace occupé par ces vastes bassins, on a eu l'idée de joindre à l'entretien de la gigantesque plante du fleuve de l'A-zone, les autres plantes aquatiques qui s'accommodent de la même culture, et les poissons qui s'y associent sans inconvénient.

Dès lors le progrès des aquaires a marché vite, et l'on a créé des merveilles.

Nous allons les parcourir sommairement.

L'industrie s'est emparée des aquaires, et Paris et Londres peuplent maintenant les appartements de viviers en miniature que l'on remplit de poissons et de plantes aquatiques dont on fait ruisseler le feuillage et les fleurs sur les parois extérieures du vase.

Il est facile d'organiser ces petits viviers. On se procure une cloche de $0^m.50$ de diamètre ; on la renverse et on la place sur un pied tourné en bois, ou sur une sébille pleine de sable. On couvre le fond d'une couche d'environ deux pouces de sable bien lavé. On remplit d'eau et l'on introduit les poissons et les plantes. Un vase à fleurs étroit, posé à l'intérieur sur le sable, forme un support pour une soucoupe pleine de fougères. Le vase, ainsi disposé, est couronné de feuilles d'iris, de menthe, de liserons et de fustinale.

Pour abriter le tout de la poussière, on prend une seconde cloche de $0^m.25$ de diamètre, et on la pose sur des morceaux de zinc coupés en forme d'S et accrochés au bord supérieur de la grande cloche.

Voici la manière de fabriquer l'eau de mer artificielle.

La recette suivante, donnée par M. Gosse, et long-temps expérimentée par M. Alfred Lloyd, a donné les résultats les plus satisfaisants. On prend : bonne eau de rivière, 8 litres et demi ; sel de table ou sel marin, 210 gr.; sel d'Epsom, 15 gr.; chlorure de magnésium, 26 gr.; chlorure de potassium, 5 gr.

Les plantes et les animaux vivent longtemps en parfaite santé dans une jarre en verre remplie du mélange dont nous venons de donner la composition ; on renouvelle l'eau comme on ferait pour de l'eau de mer.

M. Lloyd a fait usage de cette même eau pour conserver vivants les mollusques communs qui se vendent dans les rues de Londres, les huîtres, les moules, les pétoncles, les hélices, etc.

Ces essais ont toujours réussi. C'était une épreuve délicate, car on sait que le contact de l'eau pure, avec les branchies si délicates de ces mollusques, les tue presque instantanément.

Quand on veut établir chez soi un aquaire d'eau douce, il suffit d'un vase ou d'une cage de verre. Au fond, on dépose deux ou trois pouces de bourbe de mare avec du gravier fin pour l'empêcher de remonter; on y place quelques plantes d'eau, entre autres le vallisnaria, l'anacharsis alsinastrum, la macre aux fleurs blanches et aux feuilles flottantes qui purifie l'eau où on la sème.

Ces plantes se multiplient d'elles-mêmes; il n'y a plus ensuite qu'à peupler le petit réservoir en y introduisant quelques vérons (*phoxinus*), des lézards d'eau ou tritons, des crevettes de ruisseau, quelques tubes animés qui se forment de paille, de bois ou de coquilles, des limaces d'eau, le notonecte qui, pendant le jour, se tient renversé sur le dos, à la surface de l'eau, pour faire la chasse aux animalcules, etc., etc.

Un aquarium si simple donne lieu aux observations les plus variées sur les mœurs des plantes et sur les habitudes des petits animaux aquatiques, leurs transformations, etc. Assurément, c'est un autre spectacle que celui de deux ou trois cyprins maussades tournant dans un bocal.

Ainsi, pour ne parler que des plantes, on pourra y surprendre les amours de la vallinerie et les habitudes meurtrières du rossolis.

Les mœurs galantes de la vallinerie étant universellement connues, nous ne parlerons que du rossolis à feuille rude.

Les mouches qui voltigent sur les eaux des marais sont quelquefois attirées par la couleur rougeâtre de cette fleur; quelques-unes éventent le piége et s'envolent bien loin; mais d'autres viennent témérairement se poser sur la corolle qui les attire; malheur à elles! les poils de la fleur se hérissent aussitôt, l'en-

lacent et l'entourent de mille pointes, la feuille même
replie ses bords, et l'insecte, subitement emprisonné
comme dans une bourse à jetons, s'agite et se débat
dans une lutte qui se termine avec son agonie. Ce
n'est qu'après la mort de sa victime que la feuille
s'entr'ouvre pour débarrasser du cadavre la corolle
fécondée.

Le rossolis est très-commun dans les environs de
Paris. Il réussit très-bien dans les petits viviers d'appartement, et le cadavre des mouches qui s'y prennent sert de nourriture aux petits poissons.

Londres et Paris ont leur serre maritime.

Au jardin zoologique de Regent's-Park, à Londres,
on a construit en verre un gigantesque vivier, véritable océan en miniature, où l'on élève des poissons,
des zoophytes, des madrépores, des mollusques, etc.
Ces caisses, aux parois transparentes, sont remplies
d'animaux vivants qui nagent au milieu de roches
mousseuses, de sable fin, de galets arrondis, d'algues
et de varechs flexibles. C'est une infinie variété de
formes et de couleurs, une diversité de mœurs étranges. Les herbes et les mousses marines se conservent
bien, et, tout en servant à purifier l'eau, elles offrent,
dans leurs rameaux flottants et dans leurs touffes
épaisses, un asile aux poissons.

A Paris, au collége de France, on a depuis longtemps des viviers, soit d'eau de mer, soit d'eau douce,

où l'on élève des poissons et des plantes aquatiques ;
mais, quelque merveilleux que soient ces viviers, ils
n'ont pas paru suffisants, et on a installé dans la vaste
piscine de cet établissement un second aquarium qui,
grâce à ses proportions gigantesques, peut abriter un
nombre incalculable de plantes ou d'animaux appartenant aux espèces les plus curieuses et les moins
connues qui vivent dans la mer.

Ce bassin, de forme rectangulaire, est composé de
quatre colonnettes en fonte et de quatre glaces surmontées par un entablement en fer ; une pierre bleue
de Belgique en forme la base. L'eau de mer artificielle qu'il contient est composé de proportions déter-
minées de sel commun purifié, de sulfate de magnésie
et de chlorures de magnésie et de potassium.

Des algues, des varechs et autres plantes marines,
placées sur un lit de sable, de galets et de roches,
tapissent le fond de l'aquarium, où prennent place des
buccins, des étoiles de mer, des sèches, toutes les
variétés d'actinies, des sertulaires, des labres ou
vieilles de mer, des clios, petits ptéropodes que les
baleines consomment par millions, sans compter
toute une légion d'annélides remarquables à des titres
divers. On cite dans le nombre les serpules et les
sabelles, les péctinaires, dont la tête est armée
d'une espèce de peigne qu'on dirait fait d'or bruni ;
les phyllides nuancées de teintes vertes, rehaus-

sées d'un reflet métallique; les eunicides et les
néréides, diaprées de couleurs changeantes qui brillent du plus vif éclat et enfin, l'aphrodite ou chenille
de mer, couverte d'une épaisse fourrure de longs
poils aussi resplendissante que le plumage de l'oi-
seau-mouche, etc.

Maintenant un mot sur la serre aquatile ou aquaire.

L'avide contemplation de la nature et de la végétation universelle ont inspiré à un horticulteur anglais, M. Warengton, l'organisation de cette serre,
dont aucun siècle n'avait émis l'idée, et au moyen
de laquelle on élucidera désormais les phénomènes
aquatiques sur lesquels la science est encore incer-
taine.

A côté d'un salon ou d'un cabinet de travail, et
sur un plan un peu plus élevé, on construit un vaste
aquarium qui reçoit assez de lumière et d'air pur pour
que les plantes et les animaux qu'on veut y enfermer
puissent végéter et vivre.

Selon le besoin, on y verse de l'eau de source ou
de l'eau de mer, et on le peuple soit de poisson de
mer, soit de poissons de lac, de fleuve ou de rivière.
On en garnit le fond d'argile, de sable et de rochers,
et, dans leur creux, on laisse grandir les plantes
d'eau douce, ou bien de la végétation marine, des
algues, etc.

Dans le mur qui sépare l'aquarium du salon, on

scelle, à l'imitation d'une fenêtre dont le point d'appui serait de plain-pied avec la base de l'aquarium, une glace non étamée d'où, à travers l'eau paisible et la verdure aquatique, rayonne dans le salon, comme dans une chambre obscure, un jour serein et placide, et ainsi, sans quitter son salon, on peut étudier les phénomènes dont l'observation n'a été jusqu'ici réservée qu'aux sirènes et aux tritons.

Cet aquarium et l'agriculture aquatique, qui, avec la pisciculture, en est le corollaire, ouvrent une plus large voie à l'investigation de la science et à la pensée de l'homme. On ne peut soupçonner l'étrange mirage dont ce kaléidoscope nouveau enchante les yeux et émerveille l'imagination.

Toute cette végétation, tout ce microcosme animé malgré son mutisme, n'arrive aux yeux qu'à travers de prismatiques transparences, et, dans le contre-plan inférieur de la surface de l'eau dont le moindre mouvement tourmente le miroir, il se réfléchit avec des renversements et des transformations où se marient bizarrement toutes les figures géométriques, toutes les caressantes illusions de l'optique, tous ces chatoiements de lumière brisée et de couleurs en bataille, dont les poëtes romains vantaient le charme à propos de la *plumatile*, cette robe affectionnée des matrones de Rome, et où chaque oiseau du ciel semblait avoir laissé sa couleur.

Les plantes ainsi reproduites semblent se toucher par leur sommet, et, rompant la continuité de leur image à la surface de l'eau, se redressent en girandoles lumineuses, en forêts fantastiques, où se mêlent tous les miracles d'une flore inconnue, tous les prestiges d'une sylviculture imaginaire, toutes les bigarrures des palettes les plus désordonnées.

Les poissons, eux aussi, en se reflétant, forment une création nouvelle.

Dans l'eau, on les voit, nageurs paisibles, promener dans la limpidité du courant l'arc-en-ciel chatoyant de leurs écailles, se traîner sur l'argile, s'emmortaiser aux humides malléabilités du sol, se balancer voluptueusement dans les mousses onduleuses, jouer dans un rayonnement de lune ou de soleil, se glisser, et frétiller dans les pierres, dans les branchages, les feuilles et les fleurs, et de leur tête pointue fouissant l'humus et le sable à la recherche de leur nourriture, faire jaillir autour d'eux des gerbes de globules d'air éblouissantes, comme des éclats d'argent, de perle et de cristal. Tout au contraire, dans le plan intérieur de la surface qui, au-dessus de leur tête, les réfléchit, — vrai miroir dont leur agitation écartèle en tous sens les mille brisements, — ils apparaissent renversés et nageant sur le dos. On les voit, ventre en haut, nageoires étalées en voile, se multiplier, se tronçonner, s'évider, se contourner en vagues et fugaces spirales, se rapetisser, s'amplifier, semblables à des Protées évoqués par quelque Caliban invisible. De haut et d'en bas, l'un contre l'autre ou dans des voies divergentes, ils vont, ils viennent, se croisent, se divisent et promènent leurs formes variables; on dirait une envahissante et indisciplinée légion de léviathans ressuscités pour animer un nouveau chaos. Les paillettes irisées de leurs écailles se brisent en bariolages extravagants qui étourdissent la vue; dans leur tête se dilatent et se referment, avec une uniformité mécanique et fatale, des ouïes immenses, et un antre immense qui semble prêt à tout engloutir; leurs yeux atones et implacables fascinent et glacent; enfin, les *Mille et une Nuits* ne peuvent offrir plus de merveilles, ni le cauchemar enfanter plus d'horreurs que n'en présentent, mêlées et confondues, les mascarades taciturnes de cet étang domestique, scientifique observatoire dont la construction est accessible à toutes les dépenses et praticable dans tous les jardins, dont l'invention est récente et sur lequel l'industrie et la science n'ont pas encore prononcé leur dernier mot.

Dans les barques fluviatiles et dans les vaisseaux de mer, on pourrait se ménager une semblable serre sans trop de frais. Il suffirait d'appliquer dans les parties basses de la nef une grande plaque de verre épais, et ce serait comme une fenêtre ouverte sur les profondeurs mystérieuses des eaux.

L'aquarium du jardin zoologique d'acclimatation du bois de Boulogne a été construit sur ces données, mais avec certaines modifications nécessitées par les vastes dimensions de l'appareil et par le nombre considérable de visiteurs à qui il fallait en faciliter la vue. Un bâtiment d'un style un peu sévère renferme sur un de ses côtés quatorze réservoirs contigus; les cloisons qui les séparent, ainsi que la paroi extérieure, sont en ardoises d'Angers; l'intérieure est formée par une glace de Saint-Gobin. Par une disposition très-ingénieuse, la lumière arrive sous un angle tel, que le fond est réfléchi, produisant ainsi l'aspect d'une grotte sous-marine, où les animaux se trouvent dans leurs conditions naturelles d'existence. L'illusion est complète.

L'édifice transparent étant établi, il s'agit de le remplir d'eau et de veiller à ce que le liquide conserve toujours sa pureté et une température convenable. Il n'y a aucune difficulté pour l'eau douce, que l'on peut renouveler à volonté; mais il n'en est pas de même pour l'eau salée. On peut, il est vrai, se procurer aisément de l'eau salée, lorsqu'on est à proximité des côtes. On peut même faire de l'eau salée artificiellement, en mettant dans l'eau douce les proportions convenables des sels qu'une analyse chimique rigoureuse a constatés. Mais ces eaux, abandonnées à elles-mêmes, deviendraient, par suite d'une évaporation

13.

continuelle, de plus en plus salées, ainsi qu'on l'observe en grand dans les marais salants : il faut donc ajouter successivement une quantité d'eau douce suffisante pour maintenir le liquide au même niveau et au même degré de salure.

Il faut aussi que l'eau soit fréquemment, et, s'il est possible, constamment renouvelée. Dans l'aquarium du Jardin Zoologique, on atteint ce but à l'aide de deux conduits, dont l'un laisse couler une quantité d'eau égale à celle qu'amène le second. Celui-ci, situé un peu au-dessus de la surface du liquide, lance l'eau par un jet oblique, qui produit dans la masse une agitation et une aération dont les animaux éprouvent l'excellent effet. D'autres précautions sont prises pour empêcher l'action d'une lumière et d'une chaleur trop vives. Le fond du bassin est garni de fragments de roches formant des cavités, où les êtres aquatiques trouvent l'ombre et la fraîcheur. Il reçoit aussi une couche de sable, dans lequel certaines espèces aiment à s'enfoncer.

Il ne reste plus qu'à mettre dans l'aquarium quelques plantes aquatiques concourant à assainir l'eau, en même temps qu'elles servent de retraite et souvent de nourriture aux animaux marins. On choisira de préférence les ulves, les conferves, les corallines, les zonaires, les *cerramium*, etc. On rejettera au contraire les algues charnues, épaisses ou qui secrètent une matière visqueuse, telles que la plupart des *Fucus* : le liquide finirait par en être complétement vicié.

L'aquarium est prêt alors à recevoir ses hôtes définitifs : poissons, crustacés, annélides, mollusques ou zoophytes, aux formes multiples et variées. On peut ainsi former une ménagerie, qui compte des représentants de la plupart des classes du règne animal.

Nous avons dit que l'aquarium du Jardin Zoologique renfermait quatorze compartiments; les quatre premiers sont destinés aux poissons et aux autres animaux d'eau douce. Là se voient d'abord la truite et le saumon, dont la propagation artificielle a été en quelque sorte le point de départ des récents travaux sur la pisciculture; puis la carpe, la tanche, la brème, la perche, le brochet, l'anguille, hôtes familiers de nos eaux; puis encore d'autres poissons moins importants ou moins connus : le rotengle, le goujon, le meunier, le barbillon, etc., auxquels viendront se joindre l'ablette, l'alose, le barbeau, etc. Quelques crustacés, parmi lesquels l'écrevisse occupe le premier rang, et plusieurs espèces de mollusques, lymnées, planorbes, paludines, mulettes, complètent la population fluviatile ou lacustre de l'aquarium.

A l'autre extrémité, nous trouvons d'abord deux compartiments destinés aux poissons de mer; les espèces qui les habitent sont peu nombreuses encore

et représentées par des individus de petite taille;
mais tout ne peut pas se faire en un jour. Les compartiments suivants, réservés aux animaux marins
invertébrés sont en général beaucoup mieux garnis.

Parmi les crustacés, le plus singulier est sans contredit le Bernard l'ermite; la partie postérieure de
sa carapace est trop molle pour pouvoir résister au
choc des vagues; aussi cet animal a-t-il l'instinct de
se loger dans la coquille qu'il trouve le mieux à sa
convenance, et dont il change à mesure qu'il grandit;
rien de plus bizarre que de voir un crustacé empor-
tant avec lui une coquille de buccin, de natice ou de
murex.

La classe des mollusques est représentée par un
banc d'huîtres; on y remarque aussi quelques gasté-
ropodes ou univalves buccins, littorines, etc.

Les annélides marins sont au nombre des animaux
les moins connus; il faut habiter les bords de la mer
pour observer les espèces qui habitent un tube calcaire, comme les serpules, ou bien qui se font un
fourreau avec du sable ou des débris de végétaux marins, comme les amphitrites ou les arénicoles; la tête
de ces animaux est entourée de filaments rayonnés,
qui souvent brillent du plus vif coloris. Mais au moindre choc, l'annélide replie cette gracieuse parure et
rentre dans sa grossière demeure.

Quelques oursins attachés aux rochers, plusieurs

espèces de coraux représentent les groupes des échi-
nodermes et des polypes.

Nous arrivons enfin au plus riche ornement de
l'aquarium, à ces fleurs de l'Océan, les actinies, connues sous le nom vulgaire d'*anémones de mer*, mais
dont quelques-unes rappellent plutôt les ficoïdes, les
passiflores, les œillets et même les dahlias. Les formes
et les couleurs sont très-variées ; il n'y a là pourtant,
comme dans les fleurs de nos jardins, qu'un petit
nombre des espèces, mais dont chacune présente
plusieurs variétés. Quand les vagues sont agitées, l'ac-
tinie se retire sur elle-même et présente à peu près
la forme d'un champignon. Mais, dès que le calme
renaît, on voit toutes ces fleurs vivantes s'épanouir,
en se détachant sur le vert brillant des ulves, et transformer ainsi les rochers sous-marins en un parterre
animé et paré des plus riches couleurs.

Pour terminer, nous indiquerons la forme d'a-
quarium suivant. La maison que vous habitez est de
celles qui possèdent de l'eau et dont les locataires ont
le bonheur de n'avoir jamais recours au porteur d'eau.
Vous avez un salon au rez-de-chaussée, et une cave
voûtée existe sous le salon. Toutes ces circonstances
vous permettent d'avoir un aquarium d'appartement
dont je vais vous faire connaître les avantages au
point de vue de l'horticulture de salon.

Au centre de la pièce vous placerez une table sup-

portée par quatre pieds en forme de colonnes dont
deux seront creuses et renfermeront des tuyaux : l'un
pour l'arrivée de l'eau, l'autre pour le départ.

Au milieu de cette table, un élégant bassin en
verre assez épais pour n'être pas trop fragile sera
supporté par quatre colonnes creuses en cuivre poli
semblables à celles qui soutiennent le fléau d'une
paire de balances.

Le conduit renfermé dans l'un des pieds de la
table sera prolongé à travers l'une de ces colonnes;
un bec de cygne, au sommet de la colonne, versera
par un courant continu l'eau dans le bassin; cette
eau s'en échappera par une ouverture d'un diamètre
convenable ménagée pour sa sortie dans l'une des
colonnes à l'autre bout du bassin.

Ici se présente une objection.

L'eau du bassin, bien que renouvelée par un filet
continu, ne peut manquer de se corrompre et de
répandre une odeur de marécage aussi malsaine que
désagréable. C'est là l'erreur partagée par bien des
gens ; il est facile de la dissiper en donnant quelques
explications au sujet de l'eau croupie.

Quand l'eau exhale une odeur de pourriture, ce
n'est pas qu'elle se corrompe : la corruption n'atteint
que les matières animales qu'elle tient en suspension;
ce sont surtout les milliers d'animalcules qui naissent, vivent, se multiplient et meurent avec une

prodigieuse rapidité, et dont l'eau en apparence la plus pure contient toujours des peuplades sans nombre.

Placez dans l'eau quelques poissons vivants; ils se nourrissent de ces animalcules, ainsi que des matières animales et végétales tenues en suspension dans l'eau, et l'aquarium ne pourra point exhaler l'odeur d'eau croupie, puisque l'eau sera toujours pure.

Quant aux plantes, mettez celles qui ont déjà été indiquées; mais en voici une dont je n'ai pas parlé et qui vous charmera si vous la savez réussir.

Déposez au fond du bassin un pot rempli de bonne terre où vous aurez semé quelques grains de riz non dépouillés de leur écorce; ils lèveront et vous pourrez vous donner le plaisir de greffer sur roseau les plantes provenant de ce semis. A cet effet, vous taillerez en biseau l'un des nœuds d'un chaume de riz portant un épi à demi développé; taillez en sens inverse le nœud du Phalaris-roseau servant de sujet pour cette greffe, et vous assujettirez l'un dans l'autre par une ligature de fil de laine très-fin. Le tout, pour plus de sûreté, sera attaché à une baguette en guise de tuteur; vous verrez ainsi le riz nourri par le Phalaris, mûrir le grain de ses épis aussi bien que les pieds de la même plante qui n'auraient pas été greffés.

La renoncule aquatique, commune dans tous nos ruisseaux, est une plante qui parera très-bien votre aquarium. Ce qui la recommande, c'est son mode particulier de végétation. Quand sa graine lève au fond du bassin, il en naît une tige portant au lieu de feuilles d'élégants filaments d'un beau vert clair. Dès que cette tige est devenue assez longue pour arriver à la surface de l'eau, il semble qu'elle se change en une plante entièrement nouvelle. Plus de filaments! ils se métamorphosent en feuilles découpées flottant sur l'eau tranquille du milieu desquelles s'élèvent les tiges florales portant de petites renoncules simples blanches avec une marque jaune à la base de chaque pétale. L'effet est très-gracieux. Plusieurs dédaignent la renoncule; ceux qui n'ont pas de goût l'éloignent de leur aquarium. Vous l'y admettrez pour sa grâce, sa parure et sa physionomie européenne.

CONCLUSION

Nous ne saurions trop le conseiller, cultivez les fleurs, n'y cherchez qu'un plaisir salubre et anoblissant. Quant à obtenir des miracles, c'est une sottise même avec de très-vastes jardins et beaucoup d'argent à dépenser.

Je ne suis pas admirateur des chercheurs de monstruosités, surtout en horticulture, et je vous redirai ici, cher lecteur, ce qu'un poëte horticulteur me disait dernièrement :

« A force de chercher la rose bleue et la rose verte, prenons garde de perdre la rose rose.»

Ne soyez donc pas trop exigeant dans votre jardinage restreint. Le peu que vous pouvez faire, faites-le bien, c'est tout ce qu'il faut, et ne cherchez jamais à sortir de la gamme des couleurs, des parfums et des dimensions assignées par la nature à chaque plante, à chaque fleur, à chaque fruit ; en un mot, tenez-vous-en toujours à la rose rose.

Nous ne voulons pas médire des savants, tant s'en faut, mais nous n'aimons pas que les horticulteurs deviennent trop savants, en un sens du moins.

Nous n'aimons, en fait de savants, que ceux qui le sont presque sans le vouloir et toujours sans paraître le savoir. Il n'y a rien de plus aisé que de devenir un savant en *us* : on s'enferme chez soi pendant six mois, on apprend et l'on sait. Mais la mémoire est peu de chose, et il vaut bien mieux avoir de l'imagination. Qu'est-ce, après tout, que tous ces dictionnaires ambulants ? Les savants ne savent habituellement que des mots. On rencontre bien rarement des savants de choses : cela tient à ce que ceux qui le sont ainsi n'ont pas la réputation de l'être, tandis que les autres, les savants de mots, sont orgueilleux, pédants, et battent la grosse caisse devant leur érudition.

Les meilleurs livres, ceux qui font les vrais savants qui savent y lire, c'est la nature et c'est le monde.

Aimons donc les fleurs, non pas en savants qui ne

rêvent que classifications et appellations hybrides; aimons-les pour les jouissances qu'elles procurent, pour leur saveur, pour leurs parfums, pour leur éclat charmant. Aimons-les pour les bons conseils que nous donne leur culture; aimons-les parce qu'elles contribuent à nous initier de plus en plus aux mystères de la nature, qu'elles nous rapprochent de Dieu. Aimons-les en rêveurs, en poëtes, en artistes, en philosophes. Aimons-les simplement, avec le cœur, de ce sentiment instinctif et naturel qui nous pousse vers elles.

Les horticulteurs doivent les aimer aussi de cette manière, et alors ils auront plus de respect pour ces chefs-d'œuvre charmants de la nature, ils ne chercheront pas à les déformer, à obtenir, à force de savoir et de soins, des monstres qui ne peuvent avoir de prix qu'aux yeux de certains collectionneurs blasés. Les Chinois, nous l'avons déjà dit, n'ont pas de plus grand bonheur que de créer, à force de science agricole, des chênes gigantesques de deux pieds de haut, au tronc pansu comme une potiche, aux rameaux contournés, noueux, tout rugueux de verrues, tout hérissés d'angles et de crochets, bizarre assemblage de nœuds soudés par le caprice; heureux quand ces nodosités représentent par hasard une apparence de monstre, de dieu, d'homme ou d'animal! Nous rions de cette manie de n'emprunter à la nature que quelques formes que l'on contourne et que l'on dévie à plaisir. Eh! faisons-nous autre chose? Chercher la rose noire me paraît aussi fou que de caricaturer les chênes.

Cette manie éteint en nous le goût des fleurs : ce n'est plus la forme élégante, l'odeur suave, la couleur divine qui nous séduit; c'est la rareté, c'est l'extravagance, c'est la cherté.

Je ne sais plus où j'ai lu que les fleurs se vengèrent un jour d'un mauvais poëte qui les avait chantées en méchants vers; elles grandirent tout à coup autour de lui, l'enfermèrent dans une muraille infranchissable, l'enlacèrent de leurs vrilles grimpantes et l'étouffèrent. Je ne suis pas cruel, et je ne voudrais pas infliger le même supplice aux horticulteurs qui dénaturent les fleurs, mais ils le mériteraient bien.

Au reste, avouons-le, nous ne sommes pas complices de cette manie. Ces fleurs monstres sont des fleurs de commerce, et ce n'est pas en France qu'elles se vendent. Les gens du Nord, les Hollandais surtout, grands collectionneurs, ont ce goût par trop chinois. Quant à Paris, il adore les fleurs simples, naturelles, brillantes, embaumées; il ne fera pas grand cas de la *Melusina grandiflora splendens;* mais il veut des bottes de roses et d'œillets, il aime passionnément les violettes et les *ne m'oubliez pas* qu'il se garderait bien de nommer *myosotis*, c'est-à-dire *oreille de chauve-souris à queue de scorpion*, s'il savait tout ce que ce joli nom veut dire de laid.

L'horticulture familière des jardins à la fenêtre, des petits jardins, doit s'associer à l'art pour l'embellissement de vos demeures. Il faut l'approprier à vos habitudes, il faut l'assimiler à votre personnalité, et pour vous anoblir, vous et votre foyer, l'associer, ainsi que tous les produits de la nature, aux inventions de l'industrie et de l'art. C'est là un des caractères qu'il faut louer dans notre époque. C'est la voie inévitable où doit s'engager l'habitant des villes, des capitales, le Parisien surtout, qui, toujours à la piste pour sa glorieuse cité des innovations saines et artistiques, a peut-être un peu trop oublié d'introduire le bien-être dans les particularités de sa vie domestique et de mêler l'élégance à l'hygiène et au confort de son foyer.

Il faut bien l'avouer, notre architecture domestique en est encore à son enfance, elle bégaye dans ses langes. Nous avons eu l'esprit de ne pas singer, dans nos modernes demeures, les vastes hôtels du moyen âge, ses donjons gigantesques et inhabitables; mais nous n'avons rien imaginé qui convienne au bien-être tel que nos habitudes contemporaines les comprennent, et nous en sommes à regretter les vastes salles d'autrefois et leur ordonnance si somptueuse de peinture et d'ameublement. Nous admirons les vases de prix, les belles statues, les sublimes peintures, les riches tapis, mais, obligés de renoncer à les posséder et à les utiliser, nous n'avons rien créé qui puisse en remplacer la jouissance, et nous alimentons maladroitement notre goût des belles choses en subissant les fadaises de convention que patronne une vogue éphémère et en partageant avec tout le monde l'uniformité des inventions de l'industrie et des arts, qui ne veulent point composer avec l'amoindrissement et l'éparpillement des fortunes.

Or c'est ce goût de l'art dans une richesse diminuée qu'il faudrait encourager et stimuler. Dans ce sens, aucun essai n'a été tenté, tout est encore à faire. En attendant, on se contente de nous colorier à neuf nos appartements restreints, de dorer sur tranche, de la cave à la girouette, toutes nos maisons; et la triviale architecture de nos hôtels, nos mobiliers mal commodes, nos tapis, nos statuettes, nos tableaux, nos cristaux, nos plus rares curiosités, tout cela se tire à quarante mille exemplaires, pour la plus grande satisfaction de notre vanité ridicule et le plus grand embarras des citadins, qui, dans ce fouillis d'édifices se copiant servilement les uns les autres, s'égarent, et, même en plein midi, ont de la peine à reconnaître leur logis.

La culture des fleurs ne peut-elle pas donner à nos appartements attristés cette variété de formes, cet mattendu dans la perspective que l'on demande en vain à ces mornes somptuosités, où ne palpitent ni le sentiment du beau, ni l'amour de la nature? Que dans une mansarde fleurisse le muguet de mai, qu'une cage se dresse, résonnant de chants et de frissonnements le long des montants de la fenêtre humblement ouverte sur les toits, il n'y a là qu'une fleur et qu'un oiseau, et cependant il semble que le printemps soit venu apporter son sourire à ce labeur austère et si pauvrement abrité; il semble qu'un divin encouragement berce de doux songes cette vie précaire où le pain manque souvent, et que les sublimités de l'art relèvent cet homme accroupi dans l'abrutissement du travail mécanique. Ce jardin, c'est le jardin du pauvre! Il est pour celui qui le cultive la date commémorative d'une fête de l'âme. Pour le cœur solitaire, il égaye l'isolement, il sert d'apaisement aux incitations empoisonnées du désespoir. Les fleurs sont de douces compagnes, et il faut si peu d'argent pour se procurer ce luxe innocent! Que, dans la maison vivifiée resplendissent les éblouissantes couleurs des roses, des œillets, des plantes tropicales, dont les fleurs brillent comme les diamants leurs compatriotes; — que, près des fleurs, un jet artificiel fasse grésiller l'eau autour des folâtres cyprins; — qu'un oiseau, non loin de là, chante dans sa cage vibrante, et soudain, dans cet intérieur sans cesse renouvelé, ce ne sont que cha-

toyants points de vue, que surprises habilement mé-
nagées; c'est l'aspect piquant, ce charme du neuf,
cette séduction de ce qui est beau; c'est tout un art
inattendu, toute une harmonie inespérée qui donne
de l'aisance aux manières, de la gaieté à l'esprit, une
chaude effluve au cœur. Le visiteur s'abandonne doucement à ce prestige de parfums et d'éblouissements.
Cette splendide palette de la nature fascine le peintre,
inspire le poëte, raconte au musicien des mélodies
mystérieuses, et console peut-être une douleur. Chacun s'y berce dans ses rêves aimés et y retrouve son
Eldorado. L'enfant grandit parmi les fleurs, pratique
en riant et comme un jeu toutes les difficultés du
jardinage. Il se familiarise avec ses merveilles et avec
ses mystères. Pour récompense, il a des fleurs et des
fruits. Il sait, et il n'a pas été fatigué; il a pénétré
dans le riant sanctuaire et ne s'est déchiré à aucune
ronce. Vulgarisée ainsi, ou mieux, manipulée ainsi, la
botanique dépouille peu à peu ses noms savants,
empruntés aux langues qu'on ne parle plus, et ne
conserve que les noms familiers et harmonieux qu'a
créés le bon sens. Nous apprenons à ne plus aimer
cette nature imaginaire à la façon d'une mode sans
goût, ces arbres estropiés, ces plantes attifées comme
des coquettes, sculptées comme des marbres, accom-
modées en paradoxes; nous aimons la nature pour la
nature, les fleurs pour les fleurs. Ce n'est pas l'hama-

dryade qui palpite sous l'écorce des arbres, c'est la
vie, le souffle vital. La vérité nue, mais belle dans
son austère nudité, remplace les mensonges de l'igno-
rance.

En effet, pourquoi s'égarer toujours à des rêves
ou se mettre sans cesse en quête de résultats merveilleux? Restreignons l'essor de nos plaisirs à la réalité.
La floriculture offre par elle-même des joies sans
pareilles pour les intelligences sincères, pour les
cœurs discrets. C'est que l'extravagance et le miracle
ne font rien pour le bonheur de l'homme. Il a beau
remuer dans sa main les richesses du monde et contempler face à face le Louvre splendide, cela satisfait
son orgueil mais ne remplit pas son cœur.

Et que faut-il au cœur humain?

Le sourire d'un enfant, — l'affection sainte de la
femme élue et toujours chère, toujours bénie pendant
la vie entière, et par delà la vie, par delà l'horrible
mort, — la poésie, la musique, un gazouillement d'oiseau, un brin d'herbe qui végète dans l'appartement,
une fleur sur la fenêtre...

Cela, c'est peu de chose...

C'est le bonheur!

FIN

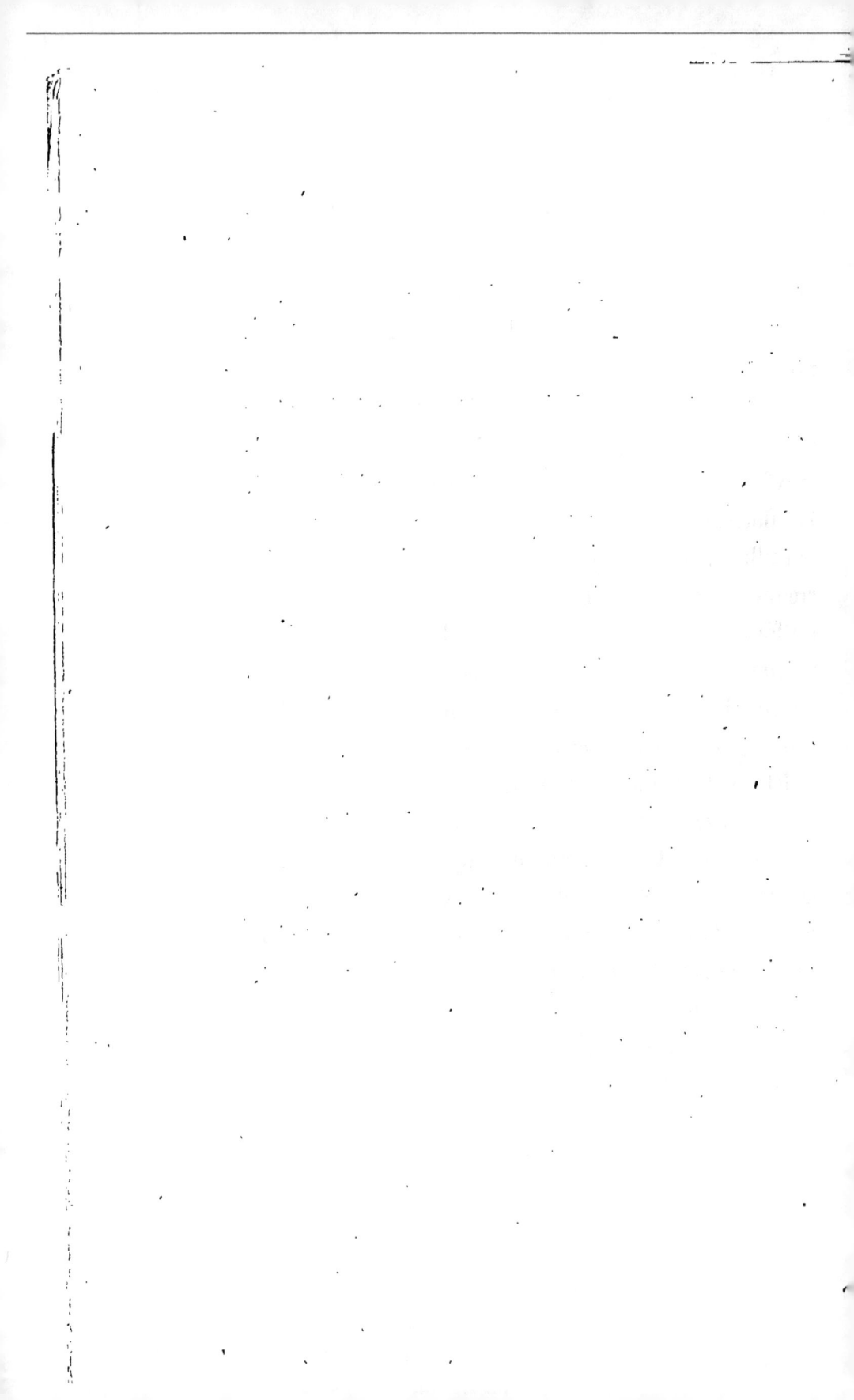

TABLE

INTRODUCTION 1

CHAPITRE PREMIER.

USTENSILES ET MATÉRIEL.

§ 1. Généralités. 9
§ 2. Pots, vases, bacs et caisses à fleurs. 10
§ 3. Terres, terreau, engrais. 13
§ 4. Arrosements, bassinages et nettoyages. 16
§ 5. Température et aération. 25
§ 6. Lumière. 26
§ 7. Ratissage, sarclage ; — binette, truelle, serpette et
     sécateur. 27
§ 8. Labour, semis, bouture, marcotte, greffe, repiquage,
     empotage, rempotage. 28

CHAPITRE II.

CULTURE DES FLEURS DANS L'APPARTEMENT.

§ 1. La chambre–jardin. 36
§ 2. La serre-salon. 40
§ 3. Les orchidées. 45
§ 4. Les serres portatives ; — serre chaude à bouture,
        bouturage, boutures et marcottes. 60
§ 5. Serre chaude à boutures. 62
§ 6. Jardinières d'appartement. 66
§ 7. Les plantes grasses naines. 75
§ 8. Culture des fougères dans l'appartement ; — serre
        d'appartement. 82
§ 9. La jardinière suspendue. 84
§ 10 Le jardin à la cuisine ; — le persil et la persilière. 88

CHAPITRE III.

JARDIN A LA FENÊTRE.

§ 1. Généralités et conseils. 95
§ 2. Installation du jardin à la fenêtre. 100
§ 3. Fleurs que l'on cultive sur la fenêtre. 103
§ 4. Les serres-fenêtres. 106
§ 5. Cultures spéciales et plaisirs particuliers du jardinage
        à la fenêtre. 110

CHAPITRE IV.

LES PETITS JARDINS.

§ 1. Les petits jardins de Paris et des grandes villes. . . 115
§ 2. Culture spéciale des arbres fruitiers en pots. . . . 122

§ 5. Respiration et asphyxie des plantes.   133
§ 4. Les abeilles familières.   141

CHAPITRE V.

COMMERCE DES FLEURS.

§ 1. Progrès de l'horticulture et de la floriculture dans
      les quatre-vingts dernières années   149
§ 2. Commerce des fleurs.   153
§ 5. Marchés aux fleurs.   155
§ 4. Conseils aux acheteurs.   161
§ 5. Conservation des plantes et des fleurs.   168
§ 6. Le fruitier et la conservation des fruits.   170

CHAPITRE VI.

LA PISCICULTURE ET LES PLANTES AQUATIQUES
DANS L'APPARTEMENT.

§ 1. La pisciculture.   175
§ 2. La pisciculture hors de l'appartement.   182
§ 5. L'aquarium du bois de Boulogne.   194
§ 4. La serre aquatile et les plantes aquatiques cultivées
      dans l'appartement.   215

Conclusion.   253

FIN DE LA TABLE.

PARIS. — IMP. SIMON RAÇON ET COMP., RUE D'ERFURTH, 1.

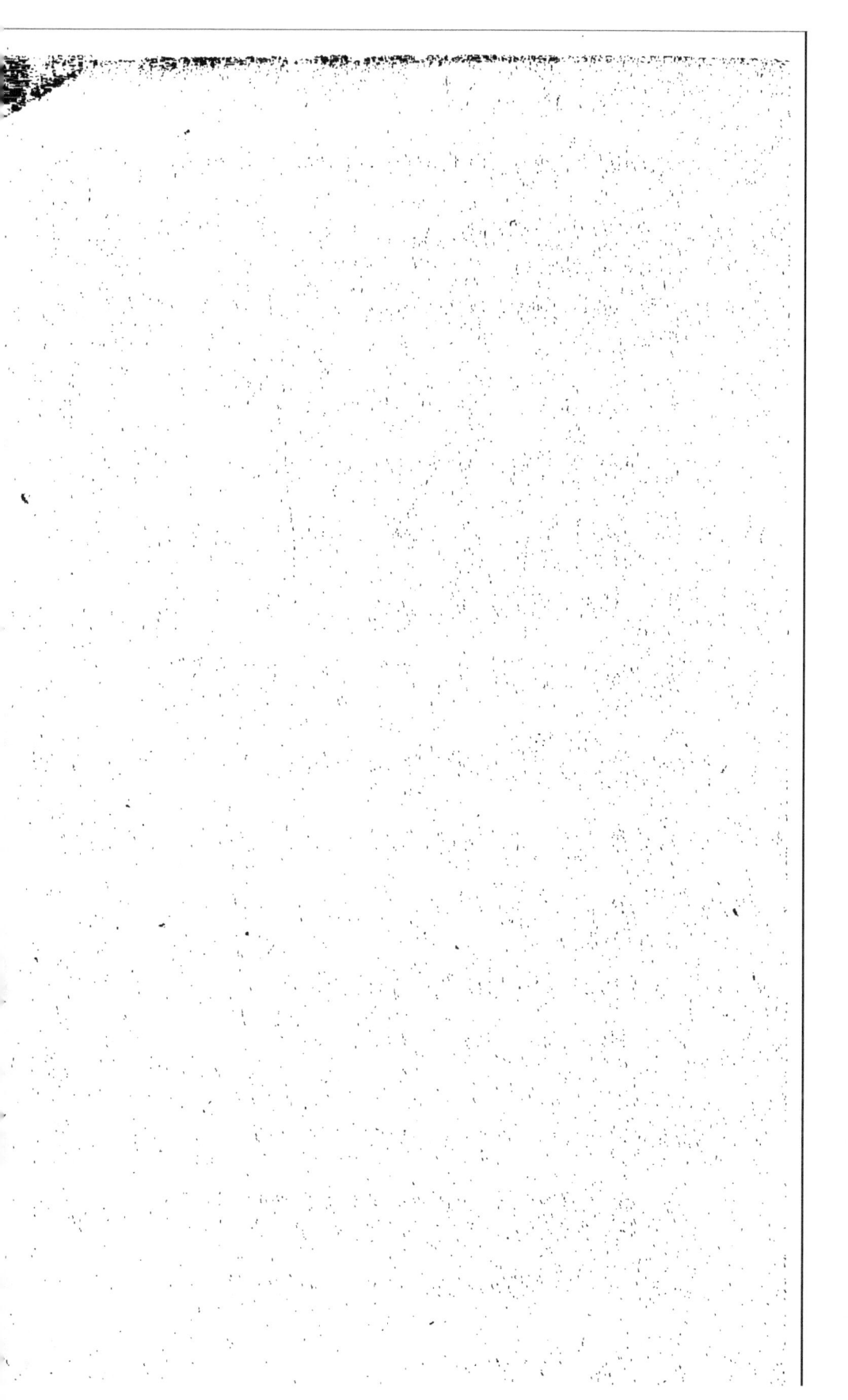

BIBLIOTHÈQUE DE L'AGRICULTEUR PRATICIEN (1)

ABEILLES (*Education des*), par A. ESPANET. In-18......................
AGRICULTURE. Quelques observations pratiques, par BODIN. Broch..........
ALCOOLISATION GÉNÉRALE, *Guide du fabricant d'alcools*, par BASSET.
    1 vol. in-18, fig. et pl., 2ᵉ édition...................................
ALMANACH DE L'AGRICULTEUR PRATICIEN pour 1866. 1ʳᵉ année. In-18, fig.
    Les années 1857 à 1865 chaque....................................
ANALYSE CHIMIQUE APPLIQUÉE A L'AGRICULTURE (*Notions élémen-
taires d'*), par Isidore PIERRE. 1 vol. in-18 avec fig...............
BASSE-COUR ET LAPIN DOMESTIQUE, par YSABEAU. 1 vol. In-18............
BÉTAIL. (*De l'alimentation du*), par Isidore PIERRE. 1 vol. in-18, 3ᵉ édition.....
BÊTES OVINES (*des*) ET DES CHÈVRES, par YSABEAU. 1 vol. in-18, fig. ....
BETTERAVE (*Culture et alcoolisation de la*), par BASSET. In-18, 2ᵉ édit.....
CAILLES, FAISANS ET PERDRIX, par ALLARY. 1 vol in-18, fig............
CÉRÉALES (*Culture des*), des plantes fourragères, etc., par I. PIERRE. In-18..
CULTIVATEUR ANGLAIS (*Le*), théorie et pratique de l'agriculture, par MURPHY,
    traduit de l'anglais par SANREY, 1 vol. in-18, fig. ....
CULTURE (*De la petite*), par A. ESPANET. 1 vol. in-18.....................
DINDONS ET PINTADES (*Éleveur de*), par MARIOT-DIDIEUX. In-18........
DRAINAGE (*Notes sur le*), par HERNOUX, In-18, 9 pl....................
DRAINAGE. L'art de tracer et d'établir les drains, par GRANDVOINNET. In-18, 150 fig
ENGRAIS (*Des*) en général, etc., par Michel GREFF. In-18, 2ᵉ édit...........
FAISANS, COLINS, CANARDS MANDARINS, etc., par A. LEGRAND. 1 vol. in-18.
FOURRAGES (*Valeur nutritive des*), par Isidore PIERRE. 3ᵉ édit. In-18.......
FUMIER DE FERME (*Le*), par QUÉNARD. In-18, 2ᵉ éd.
FUMIER (*Plâtrage et sulfatage du*), par I. PIERRE. In-18, 2ᵉ édit.............
GUANO DU PÉROU, composition, falsifications, etc. In-18................
INSTRUMENTS ARATOIRES et *Trav. des champs*, par YSABEAU. 1 vol. in-18. fig.
IRRIGATION (*Manuel d'*), par DEBY. In-18, 100 fig....................
IRRIGATIONS, par J. DONALD, trad. par A. DE FRARIÈRE. In-18, fig.........
LAPIN DOMESTIQUE (*Education du*), par F. Alexis ESPANET. In-18, 4ᵉ éd....
MAIS ET SORGHO SUCRÉ (*Alcoolisation des tiges de*). Alcool. — Cidre. —
    Bière. — Vins artificiels, par DURET. In-18..........................
MARNE ET CHAUX. Leur emploi en agriculture, par Isidore PIERRE. In-18....
PIGEONS de colombier et de volière, par MARIOT-DIDIEUX. In-18.........
PIGEONS, *Oiseaux de luxe, de volière et de cage*, par A. ESPANET. 2ᵉ éd., In-18
PLANTES FOURRAGÈRES (*Traité pratique de la culture des*), par DE THIS
    2ᵉ édit., corrigée par LEROY. In-18.................................
PORCHERIES (*De l'établissement des*), construction, etc. In-18, 95 gravures.
PORCS (*Du traitement des*) aux différentes époques de l'année. In-18, 30 grav
POULES, DINDES, OIES et CANARDS, par F. Alexis ESPANET. In-18.....
RACES BOVINES (*Amélioration des*) en France, par DE ST-FERJEUX. In-18,
RÉCOLTES DÉROBÉES (*Des*), comme fourrages et engrais verts, et cult
    de la MOUTARDE BLANCHE, traduit de l'anglais par J. A. G. In-18, fig....
SANG DE RATE des animaux d'espèces ovine et bovine, par I. PIERRE. In-18
SEMAILLES EN LIGNE (*Des*) et des semoirs mécaniques, par F. GEORGES. In-18
SORGHO A SUCRE. Culture, etc., par MADINIER. In-8..................
SORGHO A SUCRE (*Guide du distillateur du*), par F. BOURDAIS. In-18.....
SORGHO SUCRÉ, comme plante fourragère, etc., par HERVÉ..............
STABULATION de l'espèce bovine, par PEERS. In-18....................
VÉGÉTAUX (*Nutrit. des*) dans ses rapp. avec les *assolements*, par DE BABO. In-18
VERS A SOIE (*Eleveur de*), par MM. GUÉRIN-MÉNEVILLE et E. ROBERT. In-18, fig
VINIFICATION. Traité pratique par E. RAY. In-18, 2ᵉ édit..............
VISITE à un véritable agriculteur praticien, par DURAND-SAVOYAT. In-18....

(1) *L'Agriculteur praticien*, revue de l'Agriculture française et étrangère : 24 nu
avec figures dans le texte. — Prix : 6 fr. — Les abonnements datent du 1ᵉʳ janvier de cha

EVREUX, A. HÉRISSEY imp.

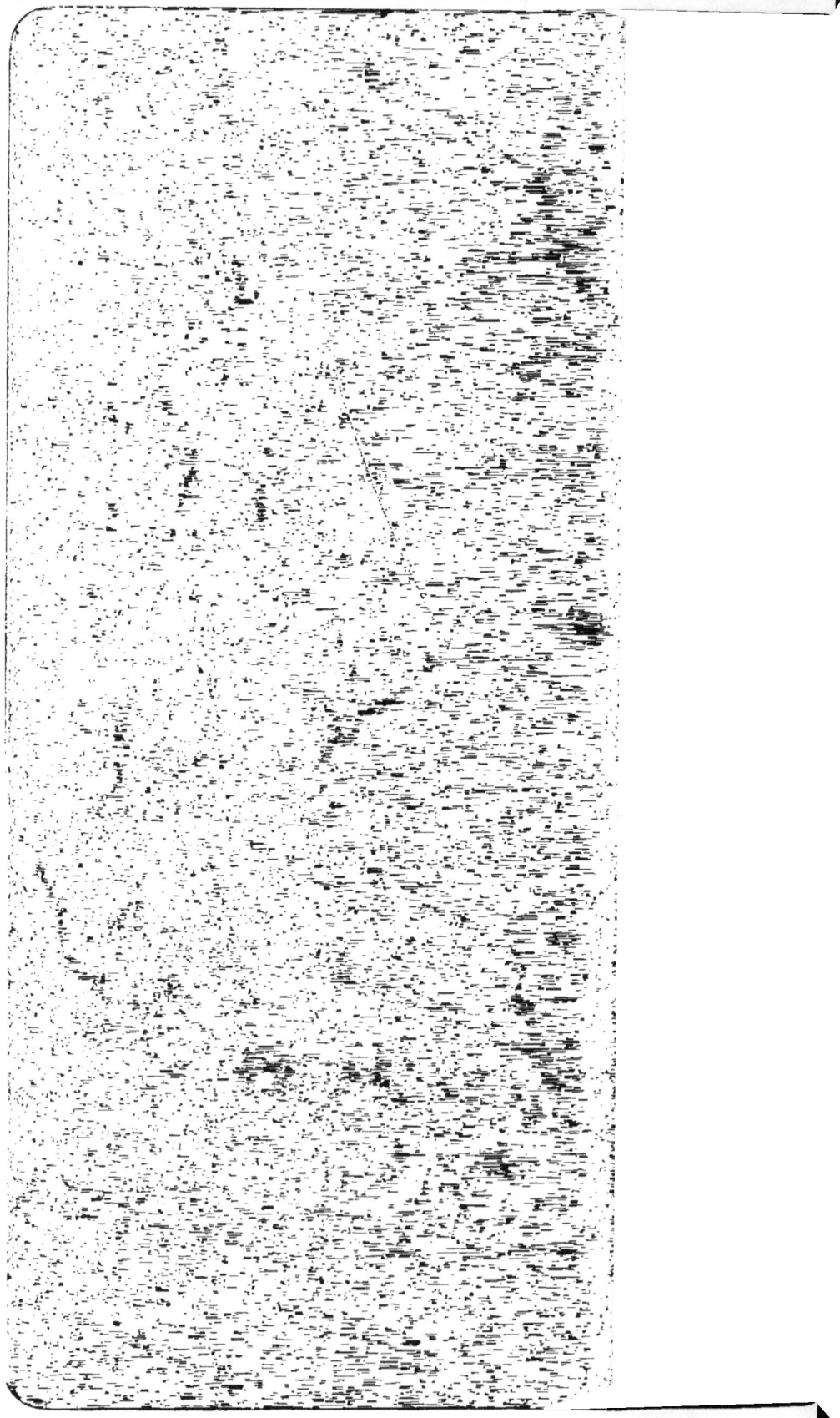

www.ingramcontent.com/pod-product-compliance
Lightning Source LLC
Chambersburg PA
CBHW060338200326
41519CB00011BA/1977